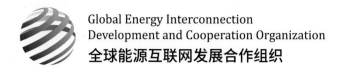

Global Energy Interconnection
Development and Cooperation Organization
全球能源互联网发展合作组织

高电压大容量直流海缆技术发展路线图

全球能源互联网发展合作组织

U0300238

中国电力出版社
CHINA ELECTRIC POWER PRESS

前　言

跨海输电已经成为海上风电开发及跨海电网互联的一种重要输电形式，全球跨海输电工程总距离超过 7000km，主要应用在欧洲、中东及东南亚等地区。欧洲是最大的跨海输电工程应用市场，占比达到全球总量的 95%。亚洲岛屿或半岛国家众多，海上能源和经济发展空间很大，未来对于跨海输电的需求不断增强。

比起陆地输电，全球跨海输电工程输送能力不足其 1%。比起海底通信光缆及石油管道，跨海输电工程长度也不及其 1% 和 10%。结合人类对于海上清洁能源开发及区域电网跨海互联需求的不断增加，预计未来全球跨海输电工程将具有更大的发展空间，对于海缆的技术需求也会越来越高。

直流输电凭借大容量、远距离和高效率等技术、经济优势，已经成为跨海输电的主流技术路线，而海缆作为跨海输电工程的关键环节，是跨海输电技术的主要瓶颈。截至 2019 年年底，全球直流海缆已初步实现 ±500～±600kV 超高压级，容量可达 1500～2500MW，但总体造价较高，约为同等级架空线路的 5～10 倍。随着全球能源转型、能源互联网建设的发展，远海风电开发、大容量远距离跨海输电需求越来越强烈，超高压直流海缆在输送容量、输送距离和综合经济性等方面已经不能满足要求。结合交直流输变电技术从低压到高压、再到特高压的发展历程，通常电压等级越高，输送距离越远，输送容量越大，经济性越好。据此，报告提出进一步开发 ±800kV～±1100kV/ 4000MW～12 000MW 级特高压直流海缆技术，重点围绕特高压直流海缆研究背景、未来需求及潜在综合效益等方面，基于海缆技术、经济发展现状，分析未来特高压直流海缆的技术目标、经济目标及面临的挑战，并就未来技术路线、经济性水平作出研判，最终制定特高压直流海缆研发规划及发展路线图，为相关研究和决策机构、专业人员提供支撑，引领、推动特高压直流海缆技术发展及工程实

践，促进全球能源互联网建设，最终实现能源可持续发展。

第 1 章介绍跨海输电及直流海缆的发展现状，包括工程应用、技术水平、经济性水平等方面。

第 2 章结合各地区能源开发、电网互联及未来全球能源互联网建设需求，分析未来跨海直流输电工程需求情况，并提出未来特高压直流海缆的具体技术和经济性指标。

第 3 章分析发展特高压直流海缆面临的主要技术、经济、市场及政策等各方面挑战。

第 4 章总体研判特高压直流海缆技术和经济性发展方向，明确具体研发规划，并绘制相关发展路线图。

第 5 章分析总结发展特高压直流海缆可能带来的综合效益，并提出发展倡议。

本研究认为特高压直流海缆技术将是实现远距离、大容量跨海电力输送的关键技术，未来具有广阔的应用前景和巨大的综合效益。但同时，发展特高压直流海缆也面临材料、工艺、设计及施工等诸多技术挑战，需要产学研各方分阶段、分步骤逐步实现。结合技术发展现状和趋势，我们预计 2025 年可以实现 ±800kV/4000MW 级特高压直流海缆技术应用，2035 年可突破 ±800kV/8000MW 级特高压直流海缆技术。在材料进一步获得重大突破的基础上，2050 年有望突破 ±1100kV/12 000MW 特高压直流海缆技术。

摘　要

全球能源互联网是能源生产清洁化、配置广域化、消费电气化的重要平台，将为实现世界经济、社会、环境可持续发展提供系统解决方案。跨海能源输送是实现全球能源优化配置、各大洲能源互补互济、清洁能源高效利用的必经途径，是构建跨越五大洲、连接四大洋、横贯东西、纵穿南北的全球能源互联网的重要环节。

海底电缆、跨海大桥电缆、海底隧道电缆和跨海架空线是实现跨海互联及海上风电输送的主要方式，海底电缆应用最为普遍。1850 年世界第一条跨海工程——英国到法国的英吉利海峡海缆工程投运以来，开启了人类跨海输电工程建设和技术发展的序幕。全球跨海工程中超过 90% 为海底电缆工程，主要应用于海岛送电、海上平台用电、可再生能源开发、国际及区域性电网互联等方面。

相比于架空线，海缆输电在全球电网中的输电容量占比不到 1%，大规模海上风电开发和广泛电网互联等为高压直流海缆技术发展提供了直接动力，未来具有很大的发展潜力。截至 2019 年，全球电力年需求总量达到 28 000TWh，全球电网输送规模超过 3000GW，其中海缆工程输送大约 26GW，占比不到 1%。作为最早开发海上风电的区域，欧洲已成为世界上海缆工程最多、建设规模最大的区域，海缆总长度已超过 6200km，总输送容量超过 22GW。而随着经济的快速发展、清洁能源开发及区域跨海联网需求的增加，亚洲正逐步成长为重要的高压海缆工程应用市场。

历经充油、浸渍纸绝缘、交联挤出和非交联挤出绝缘等发展阶段，超高压直流海缆技术趋于成熟，但附件仍是薄弱环节。高压直流海缆是一种复杂的系统化装备技术，涉及本体、附件、试验及施工、运维等方面，是实现跨海输电应用的关键因素。至 2019 年年底，超高压直流海缆本体技术逐步趋于成熟，主

要包括黏性浸渍纸绝缘和挤出绝缘两种技术路线，技术水平可达 ±200kV～±600kV/1000MW～2500MW。附件技术是实现大长度海缆的关键因素，相关材料和工艺极其复杂，是最大薄弱环节。海缆施工过程受海况地质、天气变化和海底洋流等意外情况影响很大，对于海缆工程的可靠性、经济性都有重要影响，而人类活动是造成海缆发生故障的主要原因，海缆工程的故障抢修一直以来都是海缆运维的最大难点之一。

随着大规模海上清洁能源开发和电网跨海互联的快速发展，海缆工程输送容量、距离及经济性提升需求逐步增加，发展特高压直流海缆技术需求不断增强。 预计未来 30 年，亚洲、欧洲、北美洲和非洲跨海工程总输送距离将分别达到 10 000、9000、5000km 和 4000km，总容量分别达到 120、120、40GW 和 50GW，其中大部分工程输送容量需达到 4000～8000MW，部分输送距离可达 2000～3000km。超高压直流海缆在技术上已经很难满足未来需求，因此亟须发展 ±800kV 及以上特高压直流海缆技术。经济性方面，±200～±600kV 超高压直流海缆双极综合造价为 100 万～260 万美元 /km，是同等级架空线造价的 5～10 倍，仍处于较高价位。但同时，随着电压等级和导体截面的提升，直流海缆单位容量造价呈下降趋势，因此未来特高压大容量直流海缆将比超高压直流海缆更具经济性，将具有较好的发展前景。

相较于超高压直流海缆，特高压直流海缆在关键技术和综合经济性指标上具有更高的要求。 技术方面，结合未来容量需求、生产工艺及设备能力，预计未来 ±800kV～±1100kV/4000MW～12 000MW 特高压直流海缆（挤出绝缘）绝缘材料单位耐压能力需不低于 43～65kV/mm，较北欧化工 LS4258 材料的性能需提升 43%～117%；绝缘材料耐热能力需不低于 110℃，需提升 22.2%；截面积为 1250～4500mm^2。经济性方面，预计未来 ±500kV/

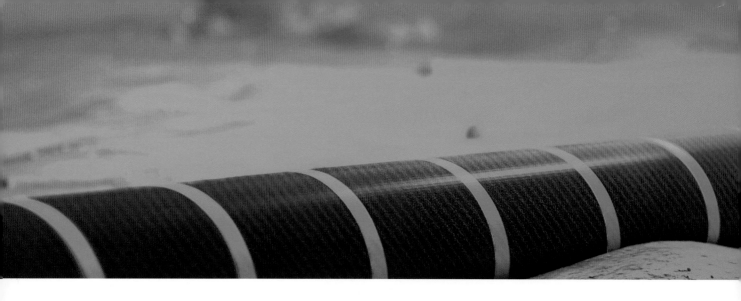

2000MW～3000MW、±600kV/4000MW、±800kV/8000MW 直流海缆需低于 250 万、300 万、700 万美元 / km，才能具有较好的市场竞争力。

特高压直流海缆研发将面临电压、容量、距离、海深提升等核心技术瓶颈，经济性提升是特高压直流海缆推广应用的关键因素，市场及政策因素是进一步促进特高压直流海缆发展的催化剂。发展特高压直流海缆需要突破绝缘材料、加工工艺、附件技术、施工技术及后期运维技术等诸多方面。其中绝缘材料的电气性能、结构设计和工艺是电压提升的核心瓶颈，导体截面和绝缘材料热特性是提升容量的主要挑战。接头技术是实现远距离输送的关键环节，也是海缆工程的薄弱环节，后期运维技术很大程度上将决定工程运行的可靠性和维修效率。施工技术和配套装备将直接影响施工效率和工程质量，进而影响造价水平，海缆本体和施工能力提升是深海工程建设的保障。因此，随着全球海缆工程的不断增加，成立更多专门的海缆施工及运维团队将成为未来的重点需求之一。相比于架空线路，高昂的造价水平很大程度上限制了海缆的大规模应用和发展，但是海缆在占地、环保等方面又具有明显的优势，因此经济性的进一步提高是实现特高压直流海缆推广应用过程中，除技术挑战外的另一个关键因素。在市场及政策方面，基于海缆工程的复杂性和不确定性，市场在选择输电方案时会比较谨慎，同时缺乏由国家政府出台与海缆相关的鼓励性政策，在一定程度上影响了海缆技术的发展和经济性的提升。

未来中短期可以实现 ±800kV/4000MW 特高压直流海缆技术水平，中长期有望突破 ±800kV/8000MW 技术水平。成熟可靠的浸渍纸绝缘技术、发展迅速的挤出绝缘技术均是未来短期实现低容量特高压直流海缆的技术路线。中长期来看，挤出绝缘技术工艺简单、性能可靠，是实现更大容量、更高电压等级的潜在技术路线。在提升、优化绝缘结构设计的基础上，预计 2025 年可实现

±800kV/4000MW 水平并应用于工程。随着绝缘材料耐热性能的进一步提高，预计 2035 年可达到 ±800kV/8000MW 水平。预计到 2050 年，导体和绝缘材料特性取得重大突破的条件下，有望突破 ±1100kV 电压等级技术水平。

特高压直流海缆的研发是一个循序渐进的系统性工程，需要分阶段、分步骤突破材料、设计和工艺等关键技术。2025 年前，重点优化浸渍纸和挤出技术的绝缘结构设计，构建涉及空间电荷、温度、电场、电导率、介电常数等参数的直流海缆绝缘结构设计的基础理论，通过纳米掺杂和基料提纯等方法减小空间电荷的影响，研究电场反转机理和抑制方法，提升本体和附件的加工工艺和运行可靠性；研发特高压等级试验终端，建设特高压系统化试验基地；满足 ±800kV/4000MW 特高压直流海缆工程的要求。2025—2035 年，提升绝缘材料的制造水平，研发高纯高净的绝缘基料，将长期耐受温度提升至 110℃，绝缘强度提升至 43kV/mm，并研究与其匹配的屏蔽材料；探索和研究各类热固性和热塑性的潜在绝缘材料在热学和绝缘特性提升上的发展潜力，为新型绝缘材料研发做准备；研发适应 2000m 海深作业的深海勘探、检测、打捞的海底机器人和其他设备；满足在较广泛应用场景中建设 ±800kV 特高压大容量直流海缆工程的应用需求。2035—2050 年，深入全面研究潜在绝缘基料，提升化工合成能力，开发绝缘强度高达 65kV/mm 的新型绝缘材料；根据新型材料性能特点设计海缆绝缘结构，提高海缆本体阻水性、抗压能力、抗变形能力，形成工业化批量生产的加工能力和生产水平；进一步提升深海作业设备，特别是海底机器人的抗压能力和控制水平，形成 3000m 大海深、2000km 长距离的工程施工能力；满足特高压直流海缆工程在全球范围内广泛应用的要求。

随着技术的进步和推广，未来特高压直流海缆的经济性将大幅提升，可达到预期经济目标。预计 2050 年，±800kV/4000MW 和 ±800kV/8000MW 直流

海缆造价将达到 260 万美元 /km 和 440 万美元 / km，±1100kV/12 000MW 海缆造价有望达到 580 万美元 / km，具备较好的经济性和市场竞争力。

发展特高压直流海缆将带来巨大的技术、经济效益和社会环境及政治效益。一方面可促进材料、工艺、控制等相关产业技术进步，带动高达 1500 亿美元的跨海直流输电工程投资。另一方面可提升区域能源供应安全水平，并增加约 1400 万相关行业就业岗位。同时可促进能源清洁化进程，有效应对气候变化难题，并减少超过 10 万 km^2 陆地资源。另外，发展特高压直流海缆还可促进能源电力交易新机制，加快建设海上清洁能源开发和全球能源互联网构建的进程，增强能源互联互通水平，提升岛屿国家的供电水平，提升能源输送安全性，促进区域协同发展。

特高压直流海缆的研发，需要产学研各方联合开发和努力才能实现。一方面需要世界各国高度重视特高压海缆的技术、经济和社会等效益，争取提前布局、抢占市场先机。另一方面对于有技术、有能力的国家、机构，建议政府和其他决策机构能够在 2025 年前颁布推动新材料研发、装备制造等面向技术实现的政策和指导性文件，在 2025—2035 年通过税收减免、出口补贴等在商业化推广方面出台相关扶持政策，积极支持大容量跨海互联工程建设，开展工程示范，促进投资。建议研究机构和生产企业能够积极参与发展路线图的制定，细化研发规划，实现共同开发。

目 录

图目录

表目录

1

发展现状

本章结合跨海直流输电技术的应用情况，重点介绍不同技术路线直流海缆的特点、技术水平和经济性水平的发展现状及规律。

1.1 跨海输电概述

跨海输电技术是实现跨海电网互联、海上能源开发和远距离输送的重要方式，相较于成熟的架空线和变电技术，海缆仍是跨海输电的薄弱环节。

1.1.1 跨海输电应用范围

跨海输电的应用已超过百年。早期跨海电力输送用于向孤立的近海设备供电，如灯塔、医疗船等；随后向近岸的海岛供电成为跨海输电的主要应用；20世纪60年代出现了独立电网的联网，提供了更好的稳定性和能源利用。

总体上，跨海输电场景主要有海岛供电、海上石油平台供电、海上可再生能源开发、国际及区域性电网互联等方面（如图 1.1 所示），未来还可能会有水上漂浮城市、海上移动电站等。近年来，跨海电网互联、海上能源开发的应用需求大幅提升。

（a）海岛供电　　　　　　　　　（b）海上平台供电

（c）海上风电开发　　　　　　　　（d）电网互联

图 1.1　跨海输电应用场景

1.1.2　跨海输电方式

海底电缆、跨海大桥电缆、海底隧道电缆和跨海架空线路等是实现跨海输电的主要方式，其中海缆工程最为常用。

海底电缆：海底电缆输电方式是利用敷设于海底的电力电缆实现跨海输电和隔海电网互联，适用于上百千米跨海距离和上千米海深的场景，是最常用的跨海输电方式，也是对电缆要求最高的一种跨海方式。

跨海大桥电缆：跨海大桥电缆输电是将电缆敷设于跨海桥梁上进行跨海输电的一种方式，通常用于跨海距离在几千米到几十千米的场合。

海底隧道电缆: 海底隧道电缆通常将电缆敷设于海底隧道进行跨海输电,承担海峡两端交通运输的同时作为电力传输的通道。

跨海架空线路: 跨海架空线路主要是在近海区域(水深几十米)建立沉桩基础平台支撑的输电铁塔,输电线路由铁塔支撑从陆地一端跨海达到陆地另一端。

跨海输电方式(如图 1.2 所示)中,跨海大桥和海底隧道电缆对跨海条件有特殊要求,必须有桥或隧道作载体,否则专门为输电建设载体,经济性大幅下降;跨海架空线通常要求海水很浅或者有岛礁的条件,通常适用于近海输电。只有海底电缆的输电方式应用范围广,不需要依附于其他通道,可以支撑大规模远海能源输送的需求,能应用于广泛的场景,具有巨大的发展潜力。

(a)海底电缆

(b)跨海架空线路

图 1.2 不同跨海输电方式

专栏 1.1	不同跨海输电方式的典型工程

● 海底电缆

世界第一条海缆于 1850 年在英国和法国之间铺设完成，横跨英吉利海峡，开启了海底电力电缆和通信电缆发展的序幕。

截至 2019 年初，路由最长的海缆工程是 NorNed 海缆输电工程，连接挪威 Feda 交流 300kV 电网与荷兰埃姆斯哈文交流 380kV 电网，由荷兰 TenneT 公司与挪威 Statnett 公司联合投资，工程总投资 6 亿欧元，于 2008 年投运。电压等级最高的海缆工程是 Western Link 海底电缆联网工程，连接苏格兰电网与英国电网，由英国国家电网和苏格兰电力公司联合投资开发，工程总投资 10 亿英镑。

● 跨海大桥电缆

中国东海大桥是洋山港区连接上海陆地的唯一交通要道，其箱梁内部还是水、电、通信、电缆等管线的公共通道，为洋山港的发展提供了源源不断的能量。洋山大桥高压电缆工程全长近 27km，为二回路 110kV 交流电缆线路，是世界上最长的高压电缆过桥项目，解决了洋山港的电源供应问题。

● 海底隧道内电缆

中国 220kV 华能汕头电厂—月浦输电工程是 220kV 厂广线的海底电缆部分，全长 2060m，位于海底约 37m 深处，于 2011 年建成，是当时中国已投运的最长、工井最深的过海电缆专用隧道。

● 跨海架空线

中国 2010 年建成投产一期舟山—大陆联网工程，通过架空线从中国大陆向舟山岛送电，电压等级采用 220kV，跨海距离约 2.7km。2018 年，二期联网工程开始建设，电压等级 500kV，其中西堠门大跨高塔的架线创造了全球输电铁塔第一高（380m）的纪录。

1.2 全球海缆应用现状

跨海输电可以通过直流或交流两种方式实现。相对来说，交流海缆在电压提升方面更容易，但不适用于大容量、远距离跨海输电场景，因而在近三十年来技术进步缓慢。直流海缆具有输送距离远、容量大、损耗小等优势，更符合远海风电开发和清洁能源大规模跨海输送的要求，成为未来跨海输电技术的重点。

世界范围内已建成的大型直流海缆工程超过 50 项，工程范围遍布欧洲、亚洲、澳洲和美洲等，总长度接近 7000km，总输送容量接近 26GW，在海岛送电、清洁能源输送和能源互联领域起着不可替代的作用，如图 1.3 所示。但同时，相比于架空线，海缆输电在全球电网中的输电容量占比还很低，不到总量的 1%，仍有很大的发展空间。

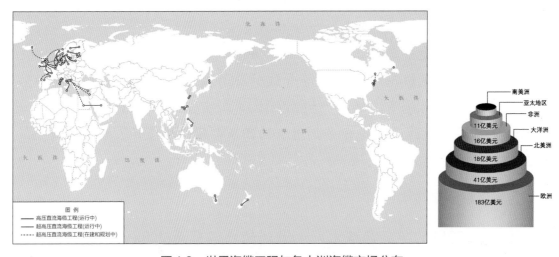

图 1.3　世界海缆工程与各大洲海缆市场分布

海上风电开发和跨海输送为直流海缆技术提供了动力和应用市场。 21 世纪以来，随着全球环境恶化和温室效应引起世界越来越多的关注和警惕，全球能源清洁化趋势愈加明显，海上风电以其优越的环境友好性和可再生特性取得了蓬勃发展，促进了直流海缆技术的迅猛发展和广泛应用。截至 2018 年年底，全世界海上风电总装机容量达到 25000MW，主要集中在欧洲北部。海上风电开发的浪潮正以欧洲为核心向全球范围蔓延开来。全球累计海上风电装机和直流海缆输送容量如图 1.4 所示。

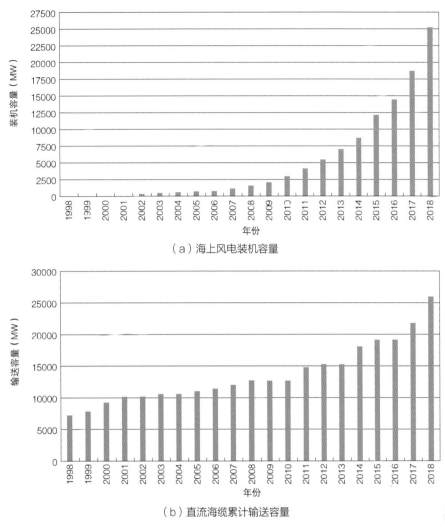

（a）海上风电装机容量

（b）直流海缆累计输送容量

图 1.4　全球累计海上风电装机和直流海缆输送容量

欧洲是高压直流海缆最大的应用市场。作为全球能源转型的先锋，欧盟在 2017 年表示将在 2030 年前关闭所有燃煤电厂，其中德国 2011 年就下令 2022 年前关闭全部的核电工程。根据欧盟的可再生能源指令 2009（Renewable Energy Directive 2009），到 2020 年欧洲 20% 以上的能源消费必须来自清洁能源。此外，欧洲根据自身资源条件，出台了大量清洁能源商业激励计划，特别鼓励北海和地中海的风力发电开发，仅英国和德国的海上风电装机容量就超过全球总量的三分之二，而作为支撑工程的直流海缆也随之兴建。经过 20 年的发展，欧洲已成为世界上海缆工程建设项目数量最多、建设规模最大的区域，海缆总长度已超过 6000km，合计容量超过 22GW。欧洲海缆工程分布与新增投运数量如图 1.5 所示。

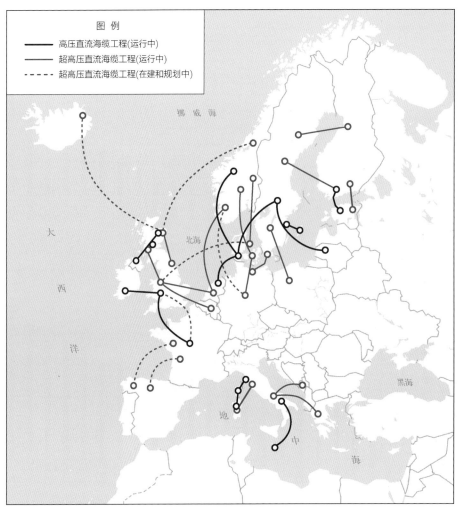

（a）欧洲海缆工程分布

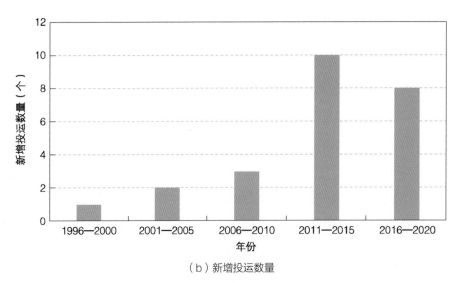

（b）新增投运数量

图 1.5　欧洲海缆示意图

| 专栏 1.2 | 欧洲典型国家海缆发展现状 |

• 英国

英国最典型的在运跨海工程是 2012 年连接爱尔兰的"东西互联"工程，实现英国风电资源外送爱尔兰。另外有在建 7 项、规划 3 项的柔性直流工程于 2019—2024 年陆续投运。届时将在英伦三岛南北互联基础上，形成西联爱尔兰、东接欧洲大陆、北至挪威及丹麦的能源互联格局，是欧洲"超级电网"的重要组成部分，可实现清洁能源外送爱尔兰和欧洲大陆、北欧清洁能源进口并提，从而实现能源互济，提升并网质量。

同时，英国是欧洲大陆和北欧清洁能源基地能源联网的枢纽。为了支撑清洁能源的有效利用，在欧盟的资助下，英国和丹麦规划了 Viking Link ±525kV 直流海缆工程，海缆段全长 760km，采用浸渍纸绝缘的技术路线，容量 1400MW，将成为世界上最长的海缆互联工程。普睿司曼公司于 2019 年 7 月与英国和丹麦电网签订了承建合同，金额高达 7 亿欧元，预计工程将于 2023 年完成并投入运营。

• 德国

德国最典型跨海工程是连接挪威的 Nord Link 工程，2020 年试运行，实现挪威和德国清洁能源跨时空差异互济互补，支撑北海海上风电开发。

近年来，德国积极开展能源转型，大力开发风能、光能和生物质能等清洁能源。由于其毗邻欧洲最大海上风电开发区域——北海，德国拥有巨大的海上风电资源，其海上风电总装机容量已居世界第二。截至 2018 年年底，德国并网海上风电装机容量累计达到 6382MW，待并网装机容量 276MW，在建装机容量 966MW。随着海上风电蓬勃发展，加之德国具有雄厚技术储备与海缆运营经验，直流海缆必将在德国迎来更大规模的工程实践。

亚洲海缆市场潜力巨大。中国、印度、印尼、菲律宾等国家经济保持快速发展，能源电力需求不断增加，同时为应对全球气候变化，亚洲各国正不断加大清洁能源开发力度，近年来有规划地推动了大批海上风电开发项目的建设和投运。早在 2012 年，亚洲就已吸引了全球超过三分之一的清洁能源投资，未来有望取代欧洲成为世界上最大的清洁能源投资地区。截至 2019 年年底，亚洲海缆工程输送容量超过 2000MW，主要跨海工程约 600km，随着清洁能源开发的发展和海岛送电需求的增加，亚洲将成长为重要的高压直流海缆工程应用市场。

专栏 1.3　　　　　　亚洲典型工程建设和规划

- 浙江舟山 500kV 联网输变电工程

为了更好地适应舟山本岛电源与负荷发展的不确定性，保护大跨越段路径资源，中国国家电网公司分两期，先后建成三回 500kV 交流海缆工程连接舟山电网和大陆电网，其中第二期联网通道镇海—舟山于 2019年 6 月顺利完工，成为全球首条实际投入商业运行的电压等级最高的交联聚乙烯绝缘海缆，如图 1.6（a）所示。该工程使用的 7 根海缆全部为中国自主研发，每根海缆长度为 18.15km，创造了单根无接头最长海缆的世界纪录，相当于排除了电击穿的薄弱点，可靠性更高。这条"蛟龙"的顺利入海标志着中国打破国际海缆技术壁垒，也代表着中国海洋输电的最高技术水平。

- 东北亚区域联网项目

2016 年，中国国家电网公司、韩国电力公社、日本软银集团、俄罗斯电网公司沟通签署了《东北亚电力联网合作备忘录》，东北亚电力联网项目是构建全球能源互联网的首个落地项目，近年来在多方支持下不断推进。该项目涉及海缆工程 3500km，跨海输送容量高达 44GW，多为 ±800kV 的特高压大容量海缆线路。这些海缆工程将成为未来重要的中国—韩国、韩国—日本和日本—俄罗斯等能源输送通道，建设周期涉及未来 5、15、30 年，能够实现将俄罗斯远东、东西伯利亚和中国东北地区水电、煤电、油气资源输送至资源相对匮乏，但能源消费需求高的日本和韩国。东北亚 2030 年跨国联网规划如图 1.6（b）所示。

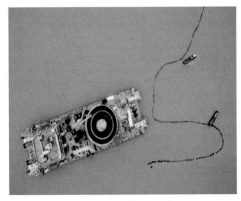

（a）舟山工程海上施工船

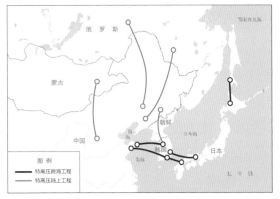

（b）东北亚 2030 年跨国联网规划

图 1.6　亚洲典型工程

1.3 技术发展现状

高压直流海缆是一种复杂的系统化技术，涉及本体、附件、试验及施工、运维等方面，是实现跨海输电应用的关键因素，截至 2019 年年底，最高技术水平已经达到 ±700kV/3400MW。本节着重介绍海缆的技术发展水平。

1.3.1 本体技术

海缆本体主要包括绝缘、导体、屏蔽等部分。

1. 绝缘

按绝缘材料和工艺类型分类，直流海缆技术可分为充油（Oil- filled）、充气（Gas-filled）、黏性浸渍纸绝缘 [Mass Impregnated，MI，主要包括传统黏性浸渍纸绝缘海缆和聚丙烯—浸渍纸复合绝缘海缆（Mass Impregnated-Polypropylene paper laminate，MI-PPL）]、挤出绝缘 [Extruded，主要包括交联聚乙烯（XLPE）绝缘海缆和热塑性（P-Laser）绝缘海缆] 等类型，如图 1.7 所示。

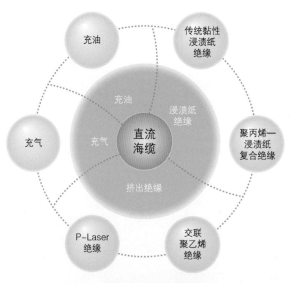

图 1.7　海缆的绝缘类型分类

国际主流的直流海缆技术路线为浸渍纸绝缘和挤出绝缘两种。前者包括传统黏性浸渍纸和聚丙烯—浸渍纸复合绝缘两种，后者主要包括交联聚乙烯和热塑性聚丙烯绝缘两种。4 种绝缘技术都已达到超高压水平。直流海缆主流技术路线的发展历程如图 1.8 所示。

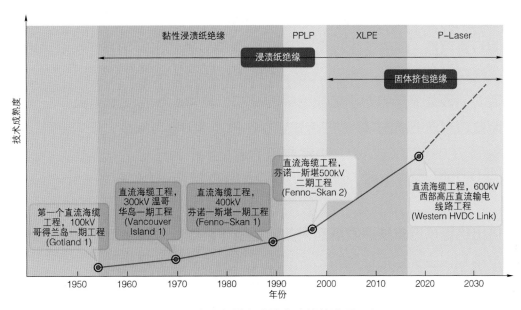

图 1.8　直流海缆主流技术路线的发展历程

黏性浸渍纸绝缘是较为成熟的技术路线。采用黏性绝缘纸作为主绝缘材料，并通过低黏度油浸渍工艺生产 [如图 1.9（a）所示]，历史悠久、技术成熟，但其耐受温度相对较低（通常为 55℃），输送容量相对有限，且应用场合受到落差限制，工艺也较为复杂，生产效率较低，最高技术水平可达 ±525kV 电压等级、2400MW 级容量。

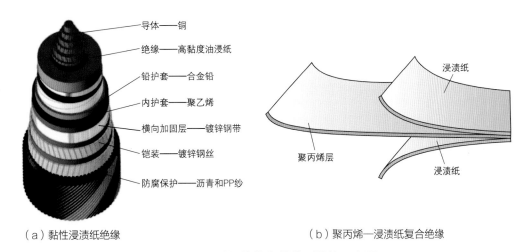

（a）黏性浸渍纸绝缘　　　　　　　　　（b）聚丙烯—浸渍纸复合绝缘

图 1.9　浸渍纸绝缘海缆典型结构示意图

聚丙烯—浸渍纸复合绝缘是在两层绝缘纸之间加入了聚丙烯 [PPL，如图 1.9（b）所示] 材料，成缆后采用高黏度不滴流的绝缘油浸渍，以提升绝缘性能和耐热性能的一种浸渍纸绝缘技术。在直流电场下，空间电荷在多层 PPL 结构层与层之间的积聚较少、场强畸变较低，而在单层 PPL 结构的绝缘纸与聚丙烯的界面积聚明显、畸变场强较高，因 PPL 具有较高的击穿场强，可以耐受较高的场强畸变，使得 PPL 结构直流海缆比传统油纸绝缘海缆等有更高的电气强度，可以应对高压直流输电对于电缆绝缘的要求，导体运行温度提高至 80～85℃，拥有比普通牛皮纸高出 30% 的传输容量。截至 2019 年年底，研究最高技术水平可达 ±700kV/3000MW，工程应用的最高水平为苏格兰—英格兰—威尔士 ±600kV/2200MW 工程。

挤出绝缘是近年快速发展起来的新型技术路线。 采用化工材料通过挤出工艺生产得到，主要包括交联聚乙烯和热塑性聚丙烯等绝缘类型，具有运行温度高、电气性能好、加工工艺简单和本体质量轻等优点，已经成为高压直流输电海缆最新发展的重要技术路线。固体绝缘材料性能参数见表 1.1。

表 1.1　固体绝缘材料性能参数

绝缘材料	最高耐受温度（℃）	最大耐受电场（kV/mm）	最高电压水平（kV）	最大容量水平（MW）
交联聚乙烯	70	30	±600	3000
P-Laser	90	30	±600	3200

交联聚乙烯绝缘海缆采用交联挤出工艺，工程中运行最高温度为 70℃，最高技术水平可达 ±640kV/3000MW 级，是挤出工艺主流技术路线，其海缆结构图如图 1.10（a）所示。但由于传统高压直流输电的潮流翻转一般通过电压翻转实现，在有空间电荷集聚的情况下，电压反转将导致过电压很高，引起绝缘击穿，故交联聚乙烯绝缘海缆通常应用于柔性直流输电工程。

热塑性绝缘材料是非交联型电缆绝缘材料，包括低密度聚乙烯（LDPE）、高密度聚乙烯（HDPE）和聚丙烯（PP）等。相比于交联型热固性材料（如交联聚乙烯），其加工不需要交联过程，工艺更简单，且材料可以循环使用，具有优良的环保特性，长期运行温度可达 90℃，且空间电荷积聚问题相对较弱，最高技术水平可达 ±600kV/3200MW 级，但尚未有实际工程应用，其海缆结构图如图 1.10（b）所示。

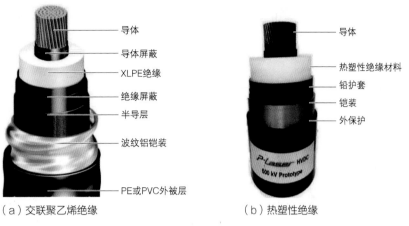

（a）交联聚乙烯绝缘　　　（b）热塑性绝缘

图 1.10　挤出绝缘海缆结构图

　　最新研究表明，聚烯烃等热塑性聚合物绝缘材料有望实现在遭受电树破坏后电树通道的自愈合和绝缘性能的自恢复，同时保持材料的基础电气性能不受影响。采用的方法是利用纳米颗粒在聚合物中的熵耗散迁移行为，结合超顺磁纳米颗粒的磁热效应，实现热塑性绝缘材料的电树损伤靶向重复修复。该缺陷修复机制使用极低的超顺磁纳米颗粒填充量（0.1vol.% 以下）便可以实现，可将自修复绝缘材料的电气击穿强度维持在基材的 94% 以上（如 490kV/mm），为未来技术的发展提供了新机遇。

专栏 1.4   **热塑性聚丙烯（PP）绝缘材料**

　　交联工艺可提升聚乙烯材料的耐热性能（最大可提升 20℃），进而提高通流容量极限，但同时也带来了一定的负面作用。一方面会增大电缆的电容效应，增加输电损耗，同时会产生较多空间电荷，在直流电压及极性翻转作用下容易造成绝缘击穿。另一方面交联过程使得电缆生产周期较长，约为非交联电缆的 5～10 倍，导致成本较高，且交联过程不可逆，材料无法实现回收再利用。

　　近几年出现的非交联材料（例如热塑性聚丙烯）除具有优异的电气绝缘性能、耐热性能，还可实现循环再利用，综合了传统非交联材料和交联材料的性能、工艺和成本优势，成为未来绝缘材料的重要发展方向。欧洲和日本对 PP 材料的研究较早，进入 21 世纪后，普睿司曼（Prysmian）和北欧化工（Borealis）已经获得多项相关专利。截至 2019 年，中压 PP 电缆在欧洲已有数万千米投入使用，主要集中在意大利、荷兰、西班牙、芬兰等地。近年来，改性 PP 用作高压电缆的研究明显加快，意大利普睿司曼公司在 2015 年完成了 ±320kV 直流电缆的所有实验，2016 年 4 月和 9 月又分别宣布研制成功了 ±525kV 和 ±600kV 的改性 PP 直流电缆。中国上海交通大学和上海电气集团也在 2018 年协作开发成功了改性 PP 绝缘中压交流电缆，并通过了型式试验，110kV 改性 PP 绝缘高压直流电缆研究也已进入试验阶段。

2. 导体

导体是承载电流的载体，其截面积和通流密度决定了海缆的通流能力。 海缆承载电流的导体由铜或铝制成，其中铜导体载流能力更强，应用更广（如表1.2所示）。选用铜可以实现较小的导体截面，进而减少外层材料（如铅、钢丝等），同时铜导体具有较强的耐腐蚀能力，而铝则具有质量轻、便于施工的特点，通常用于交联聚乙烯绝缘海缆中。根据工程技术参数和海况等不同需求，可采用不同材料或不同材料混合的导体。

表 1.2　铜和铝的电阻率及其温度系数

导体材料	20℃时的电阻率（Ω·mm²/m）	20℃时电阻率的温度系数（1/K）
铜	0.017 86	0.003 92
铝	0.028 74	0.004 2

根据不同工程需要，海底电力电缆导体可设计制成多种形式，如实心导体、圆单线绞合导体、异型单线导体、用于充油海缆的空心导体等，如图1.11所示。

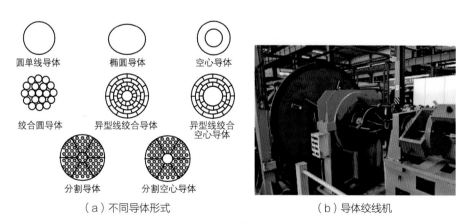

（a）不同导体形式　　　　　　（b）导体绞线机

图 1.11　海缆导体

异型单线导体是超高压等级海缆普遍采用的形式。导体截面由呈块状的单线构成，也称为拱形单线导体。该类型导体的填充系数可达96%，或者更高，同样截面时比圆单线绞合导体的传输容量更大，因此常设计用于超高压大容量电力海缆。

3. 屏蔽材料

屏蔽材料（如图 1.12 所示）与绝缘材料配合使用，起到均匀电场的作用。高压海缆屏蔽材料主要由 EBA 和高导电炭黑构成，其中 EBA 树脂对屏蔽材料功能的影响最为关键，高压屏蔽材料所用的基体树脂 EBA 主要由北欧化工生产。

图 1.12　屏蔽材料

1.3.2　附件技术

附件技术是实现大长度海缆的关键因素，也是薄弱环节。海缆附件主要包括接头、终端和其他机械保护措施。

黏性浸渍纸绝缘海缆的附件技术历史悠久、技术成熟。接头和终端与海缆本体相似，依然采用油纸缠绕工艺，耐压能力高，但加工过程复杂、工期长，对施工现场的制造环境和工艺要求高。浸渍纸绝缘海缆接头及其制作流程如图 1.13 所示。

剥切外护层 → 焊接地线 → 剥切电缆金属护套 → 剥除统包和线芯绝缘 → 电缆头制作成形

图 1.13　浸渍纸绝缘海缆接头及其制作流程

终端用于海缆登陆段的电缆对地绝缘隔离和支撑，实现与其他设备之间的电气连接。黏性浸渍纸绝缘高压直流电缆终端需要有充油接口将油充入电缆，其应力锥用油浸制成，可以工厂预制，或是安装终端时现场成型。

固体挤出绝缘海缆的附件技术起步较晚，仍在完善中。挤出绝缘海缆接头分为软接头（工厂接头）和硬接头（预制接头）。

软接头连接处外表与海缆基本一致，导体等径连接、材料与本体相同、无明显界面、无畸变电场，海缆连接处能够承受与非连接处相同的机械应力。其制作过程依次经过导体连接、内屏恢复、绝缘恢复、外屏恢复、铅护套恢复等多个复杂步骤，如图 1.14 所示。洁净条件下交联聚乙烯海缆的软接头制作如图 1.15 所示。

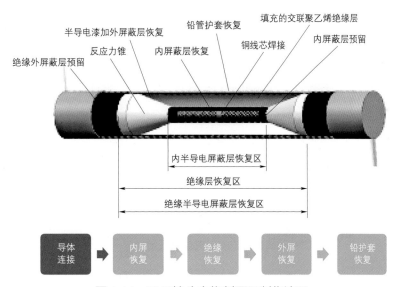

图 1.14　工厂接头实物剖面及制作流程

图 1.15　洁净条件下交联聚乙烯海缆的软接头制作

硬接头是指在海缆敷设时在船上制作的接头或在海滩区域制作的成品海缆接头，一般采用预制式制造方法，如图 1.16 所示。预制式接头主要由应力锥（预制中间接头主体）、环氧树脂绝缘件、空心套管（瓷套、复合套）、连接金具等核心部分组成。相比于传统绕包式接头，其工艺简单、加工时间短、形成绝缘缺陷的风险小，能在工厂进行预实验，适用于按用户规范要求的所有各种导体连接方式，如焊接、按压套管连接等，主要用于海缆事故抢修。预制接头相比于软接头体积更大，如 ±320kV 直流海缆的预制接头，直径达到 90mm，长度约 15m。应力锥（预制接头主体）的生产净化车间如图 1.17 所示。

（a）整体预制式接头

（b）组合预制式接头

图 1.16　直流海缆预制接头

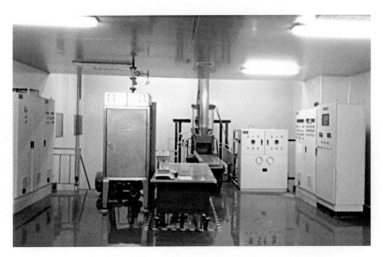

图 1.17　应力锥（预制接头主体）的生产净化车间

挤出绝缘海缆的终端所采用的工艺和硬接头较为类似，外绝缘一般采用空心套管，利用套管两端的法兰进行密封处理，应力锥装在空心套管内，套管与电缆及应力锥之间的空隙填充绝缘填充剂，其中空心套管有陶瓷和复合绝缘套管两种形式。其他结构包括绝缘介质、均压环、法兰、附属结构件等，如图1.18 所示。

预制型附件采用的绝缘材料以聚合物基体和无机填料共混为主。乙丙橡胶（EPDM）主要用于高压等级，优点在于击穿电压高，工作温度达到 80～90℃；硅橡胶（SiR）应用电压等级 ±500kV 及以上，优点是耐热性好，可在 150℃下长期使用。

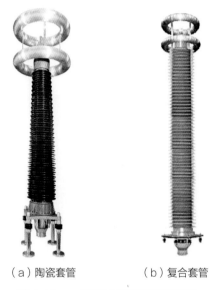

（a）陶瓷套管　　　　（b）复合套管

图 1.18　±525kV 直流海缆终端

1.3.3 试验技术

超高压级直流海缆已初步形成系统化、标准化试验能力。

1. 试验内容

海缆在研究开发、鉴定、制造、安装过程中和竣工后都要经受全面的试验，以确保在特定环境下海缆的无故障运行。直流海缆从生产到投入运行需要经过前期开发研究、测试、预鉴定、型式试验及例行试验等多种检验。截至 2019 年年底，超高压级海缆相关试验技术及设备均已成熟，特高压级试验也具备建设条件，如图 1.19 所示。

图 1.19　海缆实验室实景

2. 试验标准

截至 2019 年年底，国际通用试验标准的最高电压等级达到 ±320kV。 2017 年，IEC 制定了 IEC 62895《高压直流电缆电力传输——320kV 及以下挤出绝缘海缆和附件的陆上应用——试验方法和要求》对 ±320kV 及以下直流电缆的试验方法进行了规定。

±500kV 及以上的超高压、特高压海缆的试验标准体系仍在探索中。CIGRE 在 2000 年发布了 CIGRE Electra 189《800kV 及以下直流输电电缆的推荐试验方法》，2003 年制订了 GIGRE TB 219《250kV 以下直流挤出绝缘电缆系统的推荐试验方法》，2012 年发布了 CIGRE TB 496《500kV 以下直流挤出绝缘电缆系统的推荐试验方法》。这些超高压、特高压直流电缆标准都是推荐性的试验规范，适用于将要安装和将要运行的完整的高压直流电缆系统，其中还有很多不完善的地方，仍未确定为行业公认的 IEC 标准。

1.3.4　施工技术

施工对于海缆工程的可靠性、经济性都有重要影响。

1. 发展现状

截至 2019 年年底，世界上已建跨海工程最大深度的工程为意大利撒丁岛—意大利半岛（SAPEI）±500kV 高压直流输电工程，最大海深约 1600m，部分全球海缆领先企业正在探索 2000m 及以上海深的海缆敷设技术。海缆敷设船作用情景如图 1.20 所示。

图 1.20　海缆敷设船作用情景

普睿司曼、ABB、耐克森等领先海缆企业均拥有大型敷设船，最大装缆转盘可承载 7000～10 000t，拥有先进的动态定位系统和大拉力牵引机，具备较强的综合施工能力。海缆敷设船如图 1.21 所示。

近年来，中国海缆企业敷设能力大幅提高，已拥有 5000t 级敷设船（启帆 9 号），能够敷设 110、220kV 和 500kV 等电压等级的海缆。已建成以 500kV 海南交流联网工程、浙江舟山—宁波 500kV 交流联网输变电工程、浙江舟山五端柔性直流工程等为代表的长距离、大截面的海缆工程。

图 1.21　海缆敷设船

2. 敷设方式

通常海缆路由条件决定了海缆的敷设方式。 在小于 500m 的海区，为了避免来自渔具和锚的伤害，一般采用开槽埋设的方式，而在深海区可以直接采用抛放技术。开槽埋设的方式基于施工顺序的不同可分为先敷后埋和敷埋同步两种，两者各有优缺点，根据海缆工程技术要求和海缆施工技术现状而定。现代海缆敷设多为深埋方式，可避免海缆随潮汐、洋流等影响而产生的位移，但这给海缆日常运维，故障探寻、测距、精确定位和后期处理带来很大的困难。

（1）敷埋同步技术。敷埋同步技术对海缆敷设船和设备要求较高，一般出海后采用水下机器人挖沟，同时将海缆释放到海底已挖好的深沟中。当整根海缆铺设完成后，设置浮标，待第二段海缆就位，使用硬接头连接第一段海缆，继续敷设。这样就可以一次性完成敷设和掩埋两个步骤。

（2）先敷后埋技术。先敷后埋，就是先进行海缆的抛放，随后在有利的天气等外界条件下，利用海底先敷后埋挖沟机进行海缆深埋作业处理。

在深水条件下，由于敷埋同步挖沟机无法进行拖曳前进，故敷埋同步作业方式基本无法实施，只能采用先敷后埋方式。因此，这种作用方式适用于长距离、深水海缆敷设施工，具有海缆敷设速度快、灵活多变等特点。

（3）抛放技术。只敷不埋简称为"抛放技术"。海缆一般直接敷设在海床表面，适用于水深大于 500m 深海区，就是把海缆直接抛放在海床上，不做深埋处理，浅海敷设的海缆容易受船锚、渔船拖网作业等外力损伤。

3. 敷设流程

通常海缆敷设包含勘探、过缆、扫海、始段登陆、中间段敷设、终端登陆、验收等环节。

（1）准备工作。考察和了解施工水域的水文、地质、气象资料及海缆有关技术参数。

（2）过缆作业。将海缆盘通过运输船过至敷埋设施工船的一种作业。

（3）扫海。清理海缆路由上水底残存的渔网等障碍物。

（4）海缆始端登陆及埋深。对于岸滩或退潮后露出水面的部分，用机械或人工方法开挖海缆沟槽；施工船将海缆用布缆机送出，岸上用卷扬机牵引至设计位置；最后将海缆置于沟槽内，并用水泥盖板或其他材料覆盖保护。

（5）海缆在中间水域敷设、埋深。中间水域的海缆敷设和埋深采用施工船绞牵引钢缆前进、"DGPS"导航、拖轮及其他船只辅助施工的方法。

（6）海缆终端登陆，人工埋深。当施工船因水深太浅无法继续进行海缆敷埋设作业时，则可进行海缆的终端登陆施工，施工船锚泊定位，布缆机送出海缆，卷扬机将海缆牵引至设计位置，然后将海缆置于事先开挖好的沟槽内，其方法同始端登陆。

（7）余缆处理。一般海缆敷埋设施工结束后，都有一定长度的余量，可根据设计和业主要求切割，余下的海缆卸至指定地点。

（8）竣工验收。进行电气试验，满足要求后，即可进行试运行及正式通电。

4. 施工设备

现代海缆船通常配备海缆施工设备、施工控制及管理系统、海缆接续设备、试验测试设备、水下施工和勘探设备。其中海缆接续设备包括接续设备和操作控制软件，测试设备包括施工过程监测设备，水下设备包括埋设犁、浅滩埋设设备和水下机器人等。

（1）敷设船。海缆敷设船是指设有布缆机等专用设备，供在海上敷设和检修海缆用的船。海缆船按船型可分为船型和平板驳型两种类型，如图1.22所示。其中船型为直接参加海缆敷设或埋深作业的专业施工船只，这类海缆船具有良好的适航性，适合远洋和长距离作业，吨位比较大。平板驳型为无动力船舶，吃水浅，适合浅海近海作业，此外，还可以作为辅助船舶，配合专业船舶的正常作业提供必不可少的技术、后勤保障。敷设船根据海缆船动力配置情况分为无动力和自航式。不同行进方式的敷设船特性对比见表1.3。

（a）船型海缆船

（b）驳型海缆船

图1.22 不同类型海缆船

表 1.3　不同行进方式的敷设船特性对比

海缆船行进方式	自航方式	拖轮绑靠方式	移锚行进方式
船舶动力配置情况	配置动力推进装置	无动力	无动力
参建船舶	单船	3~4 艘	4~5 艘
船舶控制系统	动力定位系统	人工操作	人工操作
投入人员数量	20 人	50 人	60 人
敷设精度	精度高	精度偏差大	精度偏差大
埋设速率	每天 15~25km	每天可埋设 8~15km	每天 1~3km
作业海域	作业海域不限	作业海域应适合多艘船舶作业，作业空间大，埋设海缆时需要特别注意海况条件及风流的方向等	适用浅海海域，水深大于 50m 不适合抛锚作业
技术特点	受海况影响小，风险小，单船作业投入设备和人员相对较小，操作灵活	需要投入多艘辅助施工船舶，受海况限制较大，一般适用于不大于 10km 的海缆建设，而且海缆路由基本在一条直线上	埋缆船始终处于锚固状态，因此受海况的影响相对较小

（2）转动海缆盘。海缆盘主要是用于存放，并且在敷设施工时动态放出海缆的机械装置，如图 1.23 所示。

（3）海底埋设设备。主要水下埋设设备包括犁式埋设犁、水喷式埋设犁、机械式埋设犁、水喷式 ROV、深水埋设犁。其中水喷式埋设犁如图 1.24 所示。

（4）起重机和门架作业系统。一般起重机设置在船中位置，布缆机等门架作业系统设置在船尾位置。

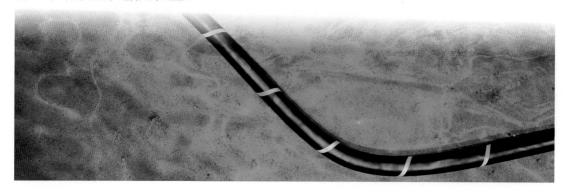

图 1.23　转动海缆盘装备实物图

图 1.24　水喷式埋设犁

5. 施工影响因素

海缆施工过程受施工海况、天气变化和意外情况等影响很大，工期进程具有较大不确定性。

（1）路由海况的影响。海水中的洋流、暗流变化多样且无法提前精确勘探，但这些可能的意外情况会提高对敷设船控制系统的要求，影响海底机器人的施工进程，延长工期。

（2）施工天气因素。海上天气变化莫测，随时可能遇到的大海浪或强风暴雨都有可能导致敷设船体过分颠簸，不具备敷设定位或预制接头制作的条件，导致工程中断，只能等待天气条件好转后才能继续施工。

（3）一些意外引起重新论证和反复施工。比如前期对海底地质信息勘探不足，或由于不可预测的海底层流变化导致海缆投放错位或固定不了的情况，影响海缆施工的进程。

1.3.5　运维技术

主要为日常监测和故障抢修。

渔业、锚损等人类活动因素是造成海缆发生故障的重要原因。海缆在不同区域及海况条件下，其故障原因不同。常见的故障原因有海缆自损、渔业作业、锚损、安装不当造成的损伤、接头故障和悬空故障等，如图 1.25 所示。可以采取很多积极措施来防止外力破坏海缆，比如港务海事部门、渔业管理部门和海图绘制部门等及时更新海缆的位置信息，并告知航行船舶。

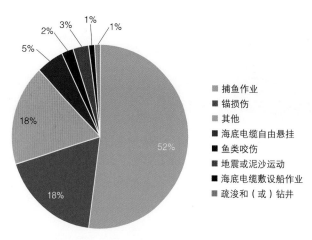

图 1.25　海缆故障原因统计

直流海缆工程的在线日常监测是安全稳定运行的重要保障。截至 2019 年，海缆在线监测只能依赖于海缆内置（或捆绑）光纤作为传输单元（有时作为传感单元），采用基于分布式光纤的光散射、反射、干涉等原理，对海缆温度、扰动、应力、载流量等重要信息进行实时监测，实时掌握海缆的运行和健康状态。在电力海缆中，光缆并不是必须附加的，专门为了实现在线监测而增加光缆增加了电力海缆的制造成本，且海缆内置（或捆绑）光纤不适用于没有添加光缆的电力海缆工程。基于光缆实现在线监测的主要方法有光时域反射（Optical Time Domain Reflection, OTDR）技术、光频域反射（Optical Frequency Domain Reflectometry, OFDR）技术、光时域分析（Optical-fiber Time-Domain Analysis，OTDA）技术。

专栏 1.5　　　　在线监测技术介绍

　　OTDR 技术于 1977 年首先由 Barnoski 提出，这种技术的实质是通过检测反射光纤中后向散射光的某些特性，从而获得光纤沿线物理特性的信号处理技术。利用 OTDR 技术可以方便地从一端对光纤进行非破坏性测量，并能连续测量整个光纤线路距离的变化。由于其结构简单，投入相对较低，OTDR 技术已在城市电力电缆、隧道与管廊工程、海缆与管道工程的状态在线监测、故障定位、结构稳定性监测等领域广泛应用。

　　OFDR 技术是通过分析后向散射光来进行测量的，它的空间分辨率的提高需要缩短光源脉冲宽度和增大接收机带宽，这导致了光源信号功率的减小和噪声的增加，因此，OFDR 的空间分辨率和信噪比、动态范围之间存在着矛盾，为解决此问题，OFDR 分布式光纤传感技术受到越来越广泛的关注。

　　与 OTDR 相比，OFDR 有突出的优点。研究发现，OFDR 的空间分辨率与接收机的带宽成反比，而噪声和接收机的带宽成正比，故 OFDR 的信噪比可以达到较高水平。因此，OFDR 被广泛认为在很多领域将取代 OTDR，成为一种普遍应用的高空间分辨率的光学信号处理技术。

　　在光受激散射技术的基础上，人们提出了 OTDA 技术。这种技术弥补了光自发散射信号微弱、检测困难的缺点，在需要更高灵敏度的场合得到广泛应用。

　　海缆工程的故障抢修包括故障的定位和打捞，是海缆运维的最大难点之一。故障定位一般采用行波测距和海下机器人相结合的方式。前者确定故障范围段后，后者确定故障精确位置。对于跨海距离长、海深大、海底情况复杂的工程，抢修难度极高，且基于施工海况的不确定性，极端天气引起的间断性施工将会耗费大量的人力、物力。海缆故障抢修基本流程如图 1.26 所示。

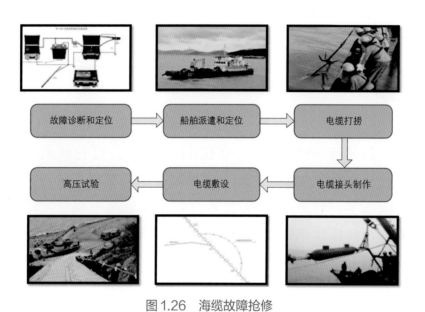

图 1.26　海缆故障抢修

1.4 经济发展现状

海缆通常为定制化工程，其价格比架空线高，造价水平受技术参数、海底环境、敷设能力及市场容量等多方面因素影响。

本节通过梳理以往工程造价水平，分析了造价组成及主要影响因素，结合原材料价格、研发成本和利润等方面因素，总结了不同电压等级、不同容量水平直流海缆造价发展规律。除特殊说明，报告中的海缆造价是指单位长度工程综合造价，即工程建设投运前海缆本体、施工勘探、敷设、竣工试验等投资总和折合到每千米长度的造价。

1.4.1 造价组成及主要影响因素

直流海缆工程综合造价主要由前期勘探、海缆本体、敷设施工及防护等部分组成。

根据实际工程造价组成分析，通常海缆本体造价约占整体综合造价的40%~50%，其中导体约占60%，绝缘占20%~30%，铠甲和屏蔽层等其他部分占10%~20%，如图1.27所示。海缆接头及终端等附件单价较高，但由于数量较少，总体造价占比一般不超过5%。施工方面，对于海深不超过1000m的海域，海缆工程施工造价占综合造价的50%~60%。但是对于超过1000m的海域，由于工程案例极少，暂无参考信息，但根据初步分析，海深达到2000m及以上的海域，海缆施工造价占比将会超过70%，成为海缆综合造价的最重要组成部分。海缆工程造价组成如图1.27所示。

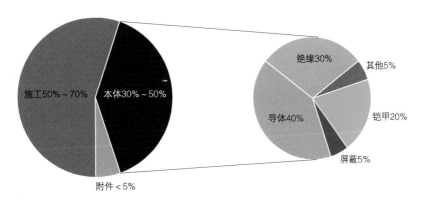

图 1.27 海缆工程造价组成

电压等级（绝缘材料）、输送容量（导体）、施工能力及市场需求和技术垄断等是影响海缆造价的主要因素。

电压等级直接影响绝缘材料的电气性能需求，是影响绝缘材料价格的关键因素。在同等通流面积条件下，电压等级越高、对绝缘材料的要求越高，绝缘层厚度越大，绝缘、屏蔽等材料用料越多，设备要求更高，海缆价格也更昂贵。以 1800mm² 海缆为例，电压等级从 ±80kV 提升至 ±500kV，仅绝缘用料就增加了 5 倍，海缆整体造价增加了 60%，如图 1.28（a）所示。

输送容量直接影响导体的材料类型和截面积，进而影响导体造价水平。通常海缆采用铜导体，具有较好的容量水平，对于特殊海深，采用质量较轻的铝导体。在同等电压等级条件下，导体截面积越大、通流容量越大，同时由于导体及绝缘、屏蔽等其他材料用料更多，设备要求更高，海缆价格也更昂贵。以 ±320kV 海缆为例，截面积从 800mm² 提升至 2500mm² 时，仅导体用料量增加了 3 倍，海缆整体造价增加了 1 倍左右，如图 1.28（b）所示。

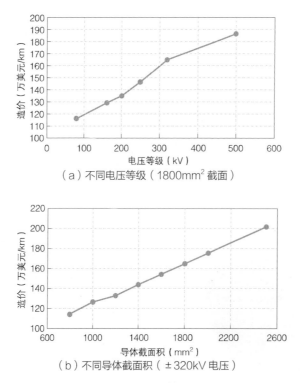

（a）不同电压等级（1800mm² 截面）

（b）不同导体截面积（±320kV 电压）

图 1.28　海缆价格与电压等级、截面积的变化关系

施工涉及设备成本、路由海深、海底地质、海况气候等多方面，均对海缆造价有影响。敷设船的载重影响一次装载海缆量，而技术水平决定了正常敷设速度。敷设海域越深，对海缆本体的机械强度和敷设船的载重、牵引力等敷设能力要求越高，敷设施工成本也会增加，复杂的地质情况对于敷设方式和施工时间也会造成很大影响。海况对于施工进度影响很大，当天气恶劣时，甚至无法施工，导致工程成本上升。

另外，技术垄断和市场成熟度对造价的影响也很大，尤其是在早期，新技术仅有极少数机构掌握，并且需要考虑到大量的前期研发投入，往往会大幅推高海缆造价水平。

1.4.2 海缆经济性水平

超高压级直流海缆价格逐步趋于平稳，但总体仍处于高位，一定程度上限制了海缆工程的更大规模应用。

早期 ±200kV/500MW 级直流海缆单回综合造价为 100 万～150 万美元 / km，±300kV/500MW～1000MW 级为 150 万～200 万美元 / km。结合最新技术发展，上述等级海缆综合造价基本可控制在 100 万～150 万美元 / km 以内，呈现出一定的下降趋势。英国 WESTLINK ±600kV 跨海输电工程、阿联酋—印度 ±600kV 跨海工程预可研等工程造价信息显示，最新 ±500kV～±600kV/ 2000MW～3000MW 级海缆，综合造价为 200 万～260 万美元 / km，如图 1.29 所示。

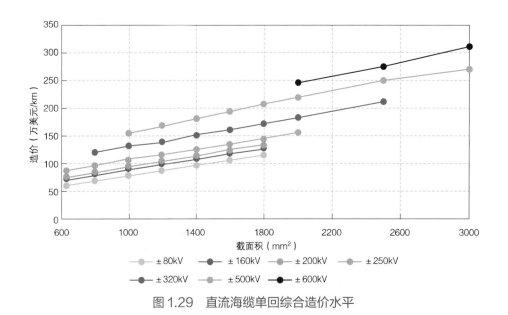

图 1.29 直流海缆单回综合造价水平

通常电压等级越高、导体截面 / 容量越大、敷设海深越大，单位长度的海缆综合造价越高。根据主要工程造价水平，浸渍纸绝缘和挤出绝缘直流海缆在相同电压等级和相同横截面积时造价相差不大，前者比后者略高 10% 左右。随着技术成熟和工程实践，超高压级直流海缆造价水平逐步下降并趋于稳定。

相比架空线的输电方式，海缆工程造价水平仍处于非常高的水平。经对比，海缆单位容量造价通常可达同级别架空线的 5～10 倍，一定程度上限制了跨海输电工程的更大规模应用，经济性有待进一步提升。

专栏 1.6　　海缆和架空线造价对比

　　架空线输电方式历史悠久、技术成熟，且由于绝缘距离相对有保障，输送容量较大，是输电效率最高、造价最低、应用最广的输电方式。相对而言，海缆技术起步相对较晚，且散热和绝缘条件相对较差，造价相对高。相同电压等级条件下，交流海缆工程的单位容量综合造价为架空线的 7～12 倍，直流海缆工程的单位容量综合造价为架空线的 5～6 倍，如图 1.30 所示。

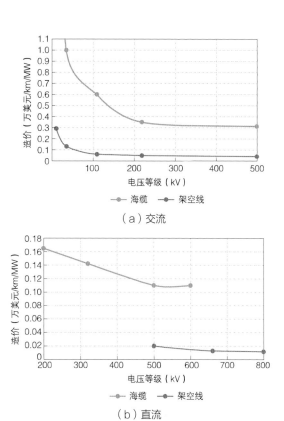

图 1.30　海缆和架空线综合造价对比

1.4.3　发展规律

海缆的造价随着电压等级和导体截面的提升而增加。经过分析大量海缆本体造价数据，在相同截面积、同一种绝缘条件下，直流电压每增加一个量级（100kV），海缆造价增加约 10%。而对于相同电压水平、同一种绝缘海缆，导体截面积每增加 500mm^2，海缆本体价格增加约 15%。

海缆单位容量造价随着电压等级和容量的提升呈下降趋势。在高压和超高压等级范围内，相同电压等级条件下，导体截面积越大，通流容量越大，单位长度海缆造价越高，但单位容量造价越低。这是由于大截面海缆的材料消耗、人力物力花费具有集成效益，单位容量用料更少、施工成本更低。部分电压等级海缆单位容量造价水平及趋势如图 1.31 所示。总体上，高电压、大容量直流海缆相比于低电压、小容量的更有经济性。

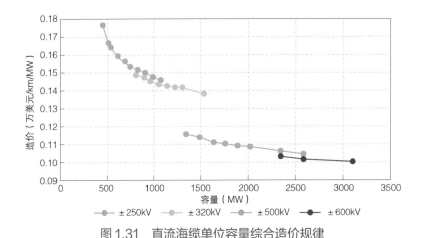

图 1.31　直流海缆单位容量综合造价规律

2

需求与目标

跨海输电线路是全球能源互联网的重要战略通道，是其不可或缺的组成部分。本章分析了构建全球能源互联网直流海缆的具体需求，并结合关键影响因素，提出了发展特高压直流海缆的相关预期技术和经济性目标。

2.1 需求分析

海上清洁能源输送和电网跨海互联是未来直流海缆的主要应用场景，预计到 2050 年，全球有约 260GW、23 000km 的市场容量，50% 以上的需求是输送容量超过 8000MW 的特高压等级直流海缆。

1. 亚洲

亚洲是全球最大的电力负荷中心，又拥有丰富的可再生能源优势。亚洲互联电网连接各大负荷中心，送出洲内可再生能源，同时通过跨海联网主干通道接受来自各洲大型能源基地的清洁能源。亚洲跨海输电通道主要有：东北亚地区通道、中东—南亚地区通道和欧洲—南亚等，见表 2.1。海缆总输送距离 10 000km，总容量 120GW，特高压海缆工程占比达到 45%。

表 2.1 亚洲跨海联网路径

互联通道	连接站址	跨越海域	跨海长度（km）	最大水深（m）	电压（kV）	容量（GW）
东北亚地区	中—韩联网	黄海	366	80	±500	2
	韩—日联网	日本海	460	160	±500	2
	俄罗斯萨哈林—日本北海道	日本海	40	300	±500	2
	中国山东—韩国釜山—日本京都	日本海	710	160	±800	8
	俄罗斯鄂霍次克—日本长野	日本海	230	300	±800	8
	中国吉林—日本大阪	日本海	210	100	±800	8
	俄罗斯萨哈林—日本东京	日本海	80	300	±800	8
	中国山东—日本福冈	黄海	1400	500	±800	8

互联通道	连接站址	跨越海域	跨海长度（km）	最大水深（m）	电压（kV）	容量（GW）
中东—南亚	沙特阿拉伯—印度	阿拉伯海	1000	3500	±800	8
	阿曼—印度	阿拉伯海	1000	3500	±800	8
	沙特阿拉伯—巴基斯坦	阿拉伯海	100	3500	±800	8
	阿联酋—印度	阿拉伯海	100	3500	±800	8
西亚—非洲	沙特麦地那—沙特泰布克—埃及开罗	红海	20	50	±500	3
	沙特泰布克—埃及开罗	红海	20	50	±660	4
	埃塞俄比亚—沙特	红海	40	190	±660	4
南亚地区	印度—斯里兰卡	拉克代夫海	70	30	±500	1.5
东南亚地区	马沙巴—菲巴拉望岛—菲民都洛	苏禄海	299	800	±500	3
	印尼加里曼丹—菲棉兰老岛	苏禄海	279	400	±500	3
	印尼加里曼丹—新加坡	南海	510	180	±500	3
	马来西亚沙捞越—马来西亚西部	南海	900	500	±500	3
	印尼西加里曼丹—印尼爪哇岛	爪哇海	500	300	±500	3
	印尼南加里曼丹—印尼爪哇岛	爪哇海	420	300	±500	3
东南亚—澳洲	澳大利亚—印尼巴厘—印尼爪哇	帝汶海	800	2000	±800	8
北美—亚洲互联	俄罗斯楚科奇自然区—北美阿拉斯加州	白令海	90	56	±1100	12

专栏 2.1　　　　　　**阿曼—印度输电通道**

西亚是世界大型太阳能资源极地集中地区，其太阳能技术可开发量可达 100PWh/年，且主要分布在沙特等国家附近。预计 2035 年和 2050年西亚电力盈余分别为 20GW 和 100GW。为了缓解电力供需不平衡，实现清洁能源远距离输送，全球能源互联网骨干网架规划了阿曼—印度输电通道，总长度 2300km，其中跨海距离 1000km，最大海深 3500m，如图 2.1 所示。

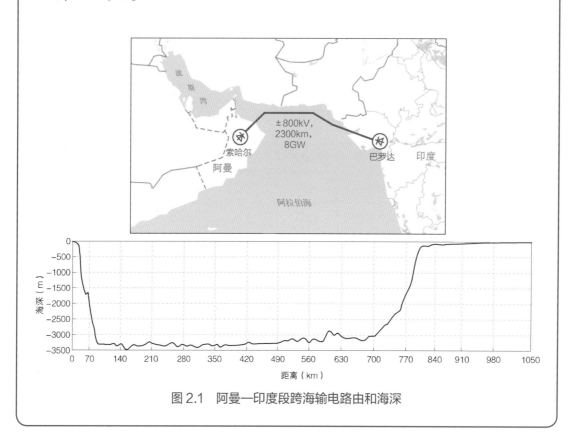

图 2.1　阿曼—印度段跨海输电路由和海深

2. 欧洲

欧洲作为全球重要的电力负荷中心之一，正大力推行降低化石能源和核电利用规模，提升可再生能源利用比重的政策和理念，是践行能源变革的先行者。欧洲互联电网旨在构建泛欧坚强智能电网，保障北极风电、北海风电、南欧太阳能与北非太阳能等可再生能源电力高效接入，同时连接北欧水电等各类调节能源。结合可再生能源开发与输送，特别是海上风电需求，欧洲跨国、跨洲电网互联的海缆联网主干通道有：北欧地区互联通道、北欧—欧洲大陆互联通道和欧洲—非洲互联通道等，见表2.2。海缆总输送距离达到9000km，总容量达到120GW，特高压海缆工程占比达到69%。

表2.2　欧洲跨海联网路径

互联通道	连接站址	跨越海域	跨海长度（km）	最大水深（m）	电压（kV）	容量（GW）
北欧地区	格陵兰—冰岛—英国	挪威海、北海	2200	1100	±800	8
北欧—欧洲大陆	挪威—英国—法国	北海、英吉利海峡	1000	800	±800	8
	挪威—丹麦	北海	400	400	±800	16
	北欧—波罗的海国家—东欧	波罗的海	800	400	±800 ±660	28
	芬兰—乌克兰	芬兰湾	180	40	±660	4
欧洲—北非	阿尔及利亚—法国	地中海	750	500	±800	8
	埃及—希腊—意大利	地中海	960	500	±800	8
	埃及—土耳其	地中海	800	2000	±660	4
	阿尔及利亚—法国—德国	地中海	840	500	±800	8
	摩洛哥—西班牙	直布罗陀海峡	30	670	±660	4
	突尼斯—意大利	地中海	200	500	±800	8
	摩洛哥—葡萄牙	地中海	200	400	±500	3
格陵兰岛北极风电外送北美通道	格陵兰岛—加拿大	北大西洋	1000	900	±1100	12

专栏 2.2　　　　　　　　**格陵兰岛—英国输电通道**

　　格陵兰岛是重要的北极风电开发基地，全球能源互联网包含的格陵兰岛—冰岛—英国输电通道是格陵兰岛的风电资源向英国和欧洲大陆输送的重要途径，其中冰岛—英国段跨海距离 1700km，距英国 170km 处最大海深 1100m，如图 2.2 所示。

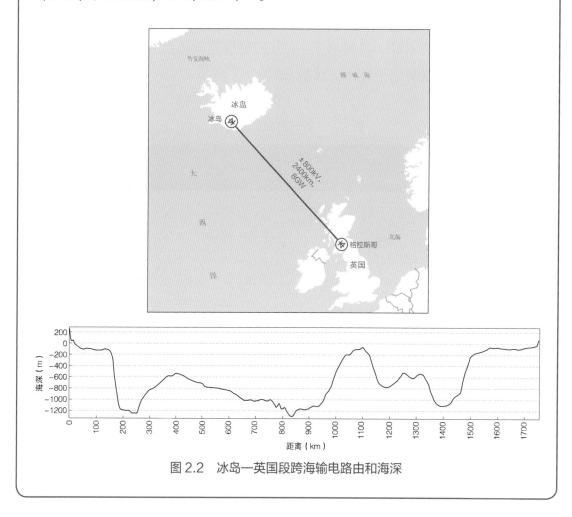

图 2.2　冰岛—英国段跨海输电路由和海深

3. 北美洲

　　北美电网将洲内的中部和西部风电基地、西南部太阳能发电基地、加拿大水电基地与东部和西部负荷中心相连，东部从格陵兰岛受入北极风电，西部从阿拉斯加与亚洲电网互联，实现洲内与跨洲可再生能源资源的大范围配置与高效消纳。北美跨国跨洲电网互联的海缆联网主干通道包括格陵兰岛风电受入通道、北美—亚洲和北美—南美互联通道，见表 2.3。海缆总输送距离近5000km，总容量 40GW，全部为特高压海缆工程。

表 2.3　北美跨国跨洲联网路径

通道	连接站址	跨越海域	跨海长度（km）	最大水深（m）	电压（kV）	容量（GW）
格陵兰岛北极风电受入通道	格陵兰岛—加拿大	北大西洋	1100	1457	±1100	12
北美—亚洲互联	俄罗斯楚科奇自然区—北美阿拉斯加州	白令海	90	56	±1100	12
北美—南美互联	美国佛罗里达—巴西阿马帕	墨西哥湾、加勒比海	3720	4500	±1100	12

专栏 2.3　格陵兰岛风电受入通道

　　格陵兰岛北极风电受入通道，全长 1100km，最大水深在距离加拿大海岸 140km 处，深度为 1457m，如图 2.3 所示。

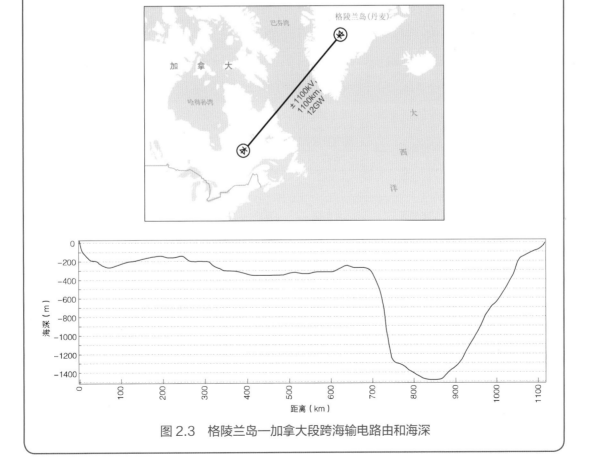

图 2.3　格陵兰岛—加拿大段跨海输电路由和海深

4．非洲

未来非洲将进一步互联形成非洲互联电网，实现北非太阳能发电和风力发电基地与非洲中部水电基地、非洲南部太阳能发电基地联合运行，满足全洲电力消费需求，并为北非太阳能发电外送提供坚强的电网支撑，总体形成洲内北电南送、东西互济，洲外北送欧洲、东接亚洲的新格局。非洲跨国跨洲电网互联的海缆联网主干通道包括东非—西非通道、非洲—欧洲互联通道，见表2.4。海缆总输送距离达到4000km，总容量达到50GW，特高压海缆工程占比达到40%。

表2.4　非洲跨国跨洲联网路径

互联通道	连接站址	跨越海域	跨海长度（km）	最大水深（m）	电压（kV）	容量（GW）
东非—西亚	沙特麦地那—沙特泰布克—埃及开罗	红海	20	50	±500	3
	沙特泰布克—埃及开罗	红海	20	50	±660	4
	埃塞俄比亚—沙特	红海	40	190	±660	4
北非—欧洲	阿尔及利亚—法国	地中海	750	500	±800	8
	埃及—希腊—意大利	地中海	960	500	±800	8
	埃及—土耳其	地中海	800	2000	±660	4
	阿尔及利亚—法国—德国	地中海	840	2731	±800	8
	摩洛哥—西班牙	直布罗陀海峡	30	670	±660	4
	突尼斯—意大利	地中海	200	500	±800	8
	摩洛哥—葡萄牙	北大西洋	200	400	±500	3

专栏 2.4　　　　**阿尔及利亚—法国—德国通道**

　　北非地区拥有丰富的太阳能和风电资源，能够有效弥补欧洲地区在能源变革过程中的电力短缺问题。阿尔及利亚—法国—德国 ±800kV 三端直流工程是北非向欧洲输送清洁能源的重要通道，线路长度约 2400km。其中里昂—瓦尔格拉段跨海距离 840km，距法国 440km 处最大海深 2731m，如图 2.4 所示。

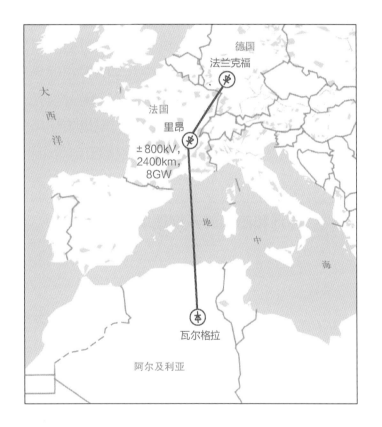

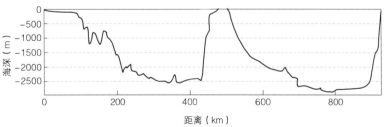

图 2.4　法国里昂—阿尔及利亚瓦尔格拉段路由和海深

2.2 技术目标

未来全球能源互联网跨海输电工程电压等级需求可达 ±800～±1100kV，单回容量可达 4000～12 000MW，部分海域最大水深超过 3000m。考虑到超高压级直流海缆技术已趋于成熟，本节重点分析未来特高压直流海缆的技术目标。

2.2.1 特高压大容量海缆本体技术指标

考虑到适用范围和发展趋势，以下主要分析特高压挤出绝缘海缆的技术参数，重点研究本体绝缘材料耐压特性和耐热特性，同时相关附件绝缘材料性能应不低于本体技术水平。研究基于电磁学和热力学的多物理场耦合模型，采用多物理场耦合仿真软件 COMSOL Multiphysics，运用有限元分析法，建立特高压海缆的二维仿真模型，模拟海缆稳定运行时的电场与热场分布，得到海缆的极端耐压和耐温运行条件，从而提出特高压大容量直流海缆的技术目标。

专栏 2.5　　　　**电场和热场的多物理场耦合理论**

• 电场分析理论

在恒定电场（静电场）的有限元分析中，通常将电位 ϕ 作为求解目标。在均匀介质中，电位满足泊 Poisson 方程或 Laplace 方程

$$\nabla^2\phi = \rho/\varepsilon \,\text{或}\, \nabla^2\phi = 0 \qquad (2.1)$$

式中：ϕ 为电位，V；ρ 为电荷密度，C/m^2；ε 为介电常数，F/m^2。

• 热场分析理论

空间上任一点都对应唯一的温度值，选定区域内所有点的温度集合就称为该区域的温度分布，则某一区域内一点的温度值就是空间的函数，可记为

$$T = f(x,y,z,t) \qquad (2.2)$$

单芯海缆的稳态温度场，构造的是二维模型，因此温度函数中的变量包括二维坐标 x，y，不包括坐标 z 和时间项 t。

热传导傅里叶定律可用于解决一维热传导问题，二维模型中，要反映热量随空间位置变化的规律，需要一个更为普适的热传导方程。根据能量守恒定律，任意时刻任一区域内的热量动态平衡，可得到热传导方程如下

$$\lambda_x (\partial^2 T)/(\partial x^2) + \lambda_y (\partial^2 T)/(\partial y^2) + Q_v = 0 \qquad (2.3)$$

在热源内部，如绝缘、屏蔽等部分，会产生损耗和涡流，可以认为材料是各向同性的均匀介质，求解区域中导热系数 λ 可以统一，则得到热传导方程

$$(\partial^2 T)/(\partial x^2) + (\partial^2 T)/(\partial y^2) + Q_v / \lambda = 0 \qquad (2.4)$$

在热源以外的部分，如导体屏蔽、外护套部分，其产生的损耗不记，则此时稳态温度场的方程可以简化为

$$(\partial^2 T)/(\partial x^2) + (\partial^2 T)/(\partial y^2) = 0 \qquad (2.5)$$

式中：T 为某一点的温度值，K；x，y 为空间直角坐标，m；t 为时间，s；λ 为导热率；λ_x，λ_y 为区域内物质沿 x 轴、y 轴方向的导热率，W/K；Q_v 为单位体积区域生热的热量值，即生热率，W/m³。

1. 边界条件

为使研究结果更具实际意义，需要对技术目标的计算给出一定的边界条件，具体见表 2.5。

表 2.5　技术边界条件

项目	参数分类	边界条件	
		±800kV	±1100kV
结构设计	导体截面积 s	$s \leq 4000\text{mm}^2$	$s \leq 4500\text{mm}^2$
	绝缘厚度 d	$d \leq 45\text{mm}$	$d \leq 43\text{mm}$
输送电流	额定功率	±800kV/4000MW、±800kV/8000MW 海缆的电流分别为 2500、5000A	±1100kV/12 000MW 海缆的电流为 5454A
	过负荷（1.2p.u.）	±800kV/4000MW、±800kV/8000MW 海缆的电流分别为 3000、6000A	±1100kV/12 000MW 海缆的电流为 6545A
物理耐热	绝缘材料工作温度	$\leq 110℃$	
敷设环境	海水中环境参数	间距 50m，环境温度 30℃，传热系数设置为 400W/（m²·K）	
	海底直埋环境参数	间距 50m，环境温度 4℃，敷设深度 2m，传热系数设置为 1W/（m²·K）	
	登陆段环境参数	间距 1m，环境温度 25℃，敷设深度 2m，传热系数设置为 1W/（m²·K）	

（1）**结构与电气参数**。挤出绝缘海缆的生产设备——三层挤出机可生产的海缆最大截面积约为 21 000mm²（直径 165mm），导体绞线机生产的导体最大截面积约为 3500mm²。考虑到未来技术改进，海缆三层挤出最大截面积按 23 000mm²（直径 170mm）考虑。对于 ±800kV，导体最大截面积按 4000mm²，屏蔽层按 2mm 计算，可推算出绝缘层厚度最大约为 45mm；对于 ±1100kV，4000mm² 截面积不能满足热学要求，故导体最大截面积按 4500mm²，屏蔽层按 2mm 计算，可推算出绝缘层厚度最大约为 43mm。根据 ±800kV/4000MW ～ 8000MW、±1100kV/12 000MW 的技术需求，导体通流能力需达到 2500 ～ 5454A，同时考虑 20% 的过负荷能力，导体通流能力最大需要达到 3000 ～ 6545A。

（2）**物理温度**。当导体发热过大、温度过高时，导体电阻大幅提升，线路热损增加，能源输送的经济性降低；同时高温会引起绝缘层中电场翻转现象，局部场强大幅提升，容易导致击穿。因此，需要对缆体的最高工作温度提出限制。工程中交联聚乙烯、黏性浸渍纸和聚丙烯—浸渍纸复合绝缘材料最高长期工作温度分别为 55～85℃，实验室 P-Laser 长期工作温度可达 90℃。考虑到未来绝缘材料的优化和进步，设定其耐热温度指标最大不超过 110℃。

（3）敷设方式。 高压直流海缆一般为海底直埋的敷设方式，海缆双极间距在登陆段和海底段有所不同：海底段的间距一般可以达到 50m，而陆上段由于线路走廊空间限制，间距一般为 1m。此外，尽管海缆一般埋设在海底土壤下 2m 左右，但海缆敷设环境复杂多变，由于海床起伏、海沟等原因，同样存在海缆敷设于海水中的情况。直埋敷设时的双极间距对于电缆散热影响重大，登陆段双极间距最小、散热环境不理想，是电缆的载流量的主要限制因素。因此计算要考虑海底段海水中、直埋，以及登陆段直埋三种条件，重点考虑登陆段直埋的情况。

2. ±800kV 电压等级

（1）4000MW 容量。根据以上设定的最大尺寸，导体截面积为 4000mm^2、绝缘厚度为 45mm。当采用铜导体时，经计算，在海水中、海底直埋和登陆段直埋三种条件下，额定功率运行时绝缘材料的长期耐压强度需要分别达到 19.8、19.3kV/mm 和 19.7kV/mm，耐热能力需要达到 44、32℃ 和 46℃。在 1.2p.u. 过负荷运行条件下，绝缘材料最高耐压强度需分别达到 18.6、18.2kV/mm 和 18.6kV/mm，耐热能力需达到 57、48℃ 和 75℃。海缆运行参数见表 2.6，不同敷设条件下额定功率的运行特性如图 2.5～图 2.7 所示。

表 2.6　±800kV/4000MW 海缆运行参数

通流容量	额定功率		1.2p.u. 过负荷	
特性指标	最大电场（kV/mm）	最高温度（℃）	最大电场（kV/mm）	最高温度（℃）
海水中	19.8	44	18.6	57
海底直埋	19.3	32	18.2	48
登陆段	19.7	46	18.6	75

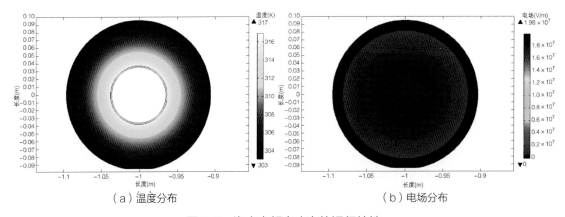

（a）温度分布　　　　　　　　　　（b）电场分布

图 2.5　海水中额定功率的运行特性

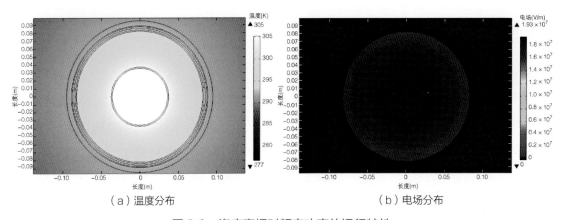

（a）温度分布　　　　　　　　　　（b）电场分布

图 2.6　海底直埋时额定功率的运行特性

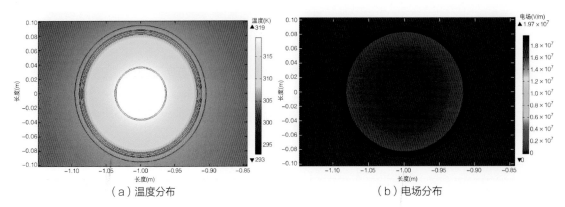

（a）温度分布　　　　　　　　　　（b）电场分布

图 2.7　登陆段直埋时额定功率的运行特性

由此可见，当输送容量为 4000MW 时，绝缘材料的耐压特性至少要达到 20kV/mm，耐热性能在海中至少需要达到 48℃、登陆段至少要达到 75℃。根据表 1.1 中固体绝缘材料性能参数，**非交联挤出绝缘材料热塑性绝缘（P-Laser）可满足 ±800kV/4000MW 级直流海缆技术需求**。

由于铝导体密度小、质量轻，且其导电率相对较低的劣势在深海低温条件下可以得到缓解，是海缆工程深海段较好的解决方案。采用同样的方式对铝导体进行计算，以上述分析设定的最大尺寸计算，可得深海条件下 ±800kV/4000MW 特高压直流海缆绝缘材料的耐压特性至少要达到 21kV/mm，耐热性能在海中至少需要达到 68℃，**交联和非交联挤出绝缘材料均可满足深海条件下 ±800kV/4000MW 级铝导体直流海缆技术需求**。

对于浸渍纸绝缘的技术路线，已有厂家宣称完成了聚丙烯—浸渍纸复合绝缘材料的内部体系评价，确认其耐压和耐热性能可以满足 ±800kV/4000MW 的技术水平要求，并正式发布了产品研发序列，**技术上具备研发出 ±800kV/4000MW 直流海缆的基础**。

（2）8000MW 容量。在相同边界条件下，当采用铜导体时，经计算，在海水中、海底直埋和登陆段直埋三种条件下，额定功率运行时绝缘材料的长期耐压强度需要分别达到 22.4、20.9kV/mm 和 20.8kV/mm，耐热能力需要达到 86、117℃和 125℃。在 1.2p.u. 过负荷运行条件下，绝缘材料最高耐压强度需要达到 25.3、22.3kV/mm 和 22.2kV/mm，耐热能力需要达到 110、167℃和 171℃。海缆运行参数见表 2.7，不同敷设条件下额定功率的运行特性如图 2.8～图 2.10 所示。

表 2.7　最大物理尺寸时 ±800kV/8000MW 海缆的运行参数

通流容量	额定功率		1.2p.u. 过负荷	
特性指标	最大电场（kV/mm）	最高温度（℃）	最大电场（kV/mm）	最高温度（℃）
海水中	22.4	86	25.3	110
海底直埋	20.9	117	22.3	167
登陆段	20.8	125	22.2	171

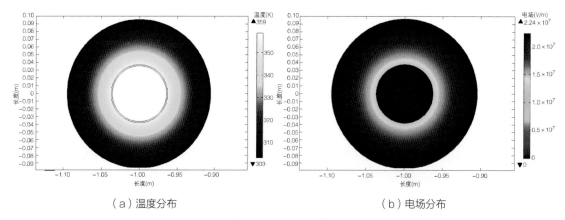

（a）温度分布　　　　　　　　　　（b）电场分布

图 2.8　海水中额定功率的运行特性

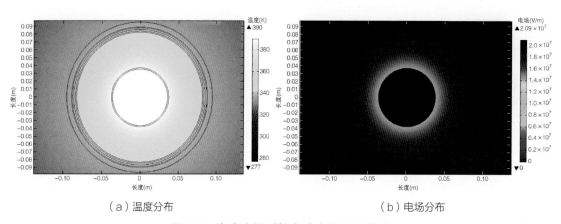

（a）温度分布　　　　　　　　　　（b）电场分布

图 2.9　海底直埋时额定功率的运行特性

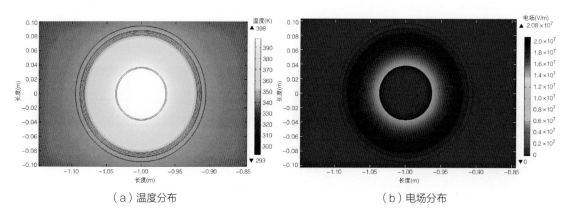

（a）温度分布　　　　　　　　　　（b）电场分布

图 2.10　登陆段直埋时额定功率的运行特性

根据以上计算结果，直埋段及登陆段最高温度均超过了绝缘材料温度最高限值。由于导体截面积已经达到边界条件的上限，降低运行温度只能通过减小绝缘层厚度的方法实现。经迭代计算，当绝缘层厚度下降至 20mm 时，在海水中、海底直埋和登陆段直埋三种条件下，额定功率运行时绝缘材料的长期耐压强度需要分别达到 40.5、39.8kV/mm 和 39.2kV/mm，耐热能力需分别达到 52、67℃ 和 92℃。在 1.2p.u. 过负荷运行条件下，绝缘材料最高耐压强度需要达到 42.9、41.9kV/mm 和 41.7kV/mm，耐热能力需要达到 68、104℃ 和 110℃。海缆运行参数见表 2.8，不同敷设条件下额定功率的运行特性如图 2.11～图 2.13 所示。

表 2.8　结构优化后 ±800kV/8000MW 海缆的运行参数

通流容量	额定功率		1.2p.u. 过负荷	
特性指标	最大电场（kV/mm）	最高温度（℃）	最大电场（kV/mm）	最高温度（℃）
海水中	40.5	52	42.9	68
海底直埋	39.8	67	41.9	104
登陆段	39.2	92	41.7	110

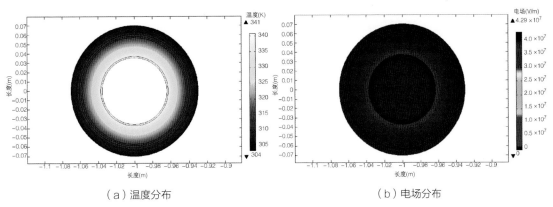

（a）温度分布　　　　　　　　　　（b）电场分布

图 2.11　结构优化后在海水中 1.2 倍额定功率的运行特性

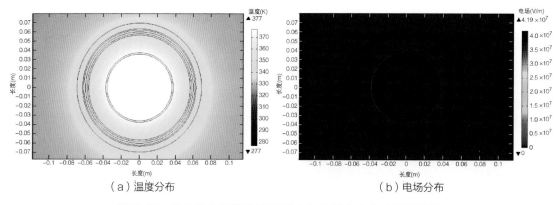

（a）温度分布　　　　　　　　　（b）电场分布

图 2.12　结构优化后海底直埋时 1.2 倍额定功率的运行特性

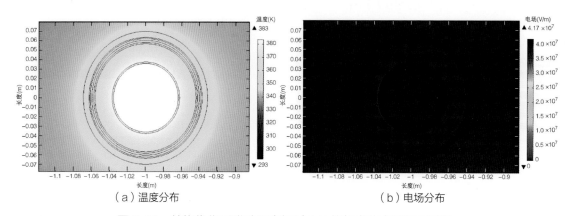

（a）温度分布　　　　　　　　　（b）电场分布

图 2.13　结构优化后登陆段直埋时 1.2 倍额定功率的运行特性

由此可见，当输送容量为 8000MW 时，绝缘材料的耐压特性至少要达到 43kV/mm，耐热性能可满足不超过 110℃。相比性能最好的绝缘材料（北欧化工 LS4258），**耐压特性需要提升 43%，耐热特性提升 22.2%。**

当采用铝导体时，采用同样的方式对铝导体进行计算，以上述分析设定的最大尺寸计算，可得深海条件下 ±800kV/8000MW 特高压直流海缆温度达到 125℃。经过结构优化，在绝缘厚度下降到 32mm 时，最高温度下降至 110℃，此时最大电场强度达到 32.9kV/mm。相比于性能最好的绝缘材料（北欧化工 LS4258），当采用铝导体时，**耐压特性需要提升 9.6%，耐热特性提升 22.2%。**

3. ±1100kV 电压等级

对于 ±1100kV 电压等级，以下计算 12 000MW 直流海缆的具体技术目标。

根据上述分析设定的最大尺寸，当采用铜导体时，在海水中、海底直埋和登陆段直埋三种条件下，额定功率运行时绝缘材料的长期耐压强度需要分别达到 30.3、28.8kV/mm 和 28.5kV/mm，耐热能力需要达到 96、127℃和135℃。在 1.2p.u. 过负荷运行条件下，绝缘材料最高耐压强度需要达到 33.4、30.2kV/mm 和 30.1kV/mm，耐热能力需要达到 120、177℃和 181℃。海缆运行参数见表 2.9，不同敷设条件下额定功率的运行特性如图 2.14～图 2.16所示。

表 2.9　最大物理尺寸时 ±1100kV/12 000MW 海缆的运行参数

通流容量	额定功率		1.2p.u. 过负荷	
特性指标	最大电场（kV/mm）	最高温度（℃）	最大电场（kV/mm）	最高温度（℃）
海水中	30.3	96	33.4	120
海底直埋	28.8	127	30.2	177
登陆段	28.5	135	30.1	181

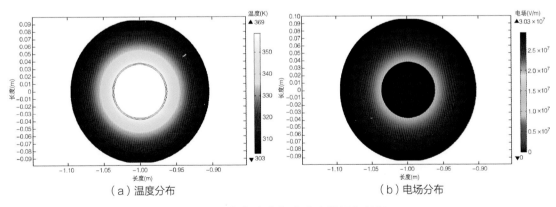

（a）温度分布　　　　　　　　　　　（b）电场分布

图 2.14　在海水中额定功率的运行特性

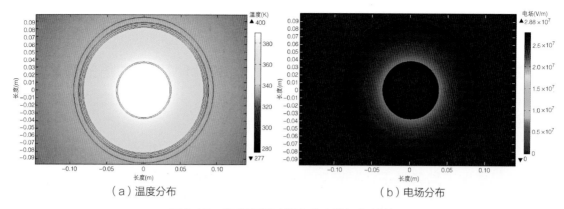

（a）温度分布　　　　　　　　　（b）电场分布

图 2.15　海底直埋时额定功率的运行特性

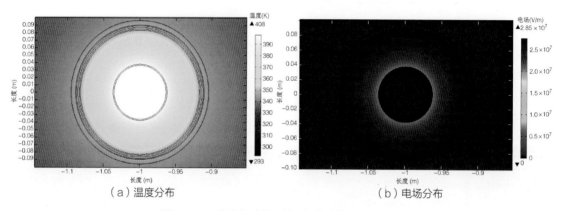

（a）温度分布　　　　　　　　　（b）电场分布

图 2.16　登陆段直埋时额定功率的运行特性

在以上计算基础上，同样保持截面积 4000mm² 不变，但减小绝缘层厚度。迭代计算发现即使绝缘厚度降为 0，导体温度在登陆段直埋的条件下仍然达到了 120℃，超过了边界条件设定的最高温度 110℃ 上限。因此，将导电截面积增加至 4500mm²，此时绝缘层厚度不超过 43mm，并在此基础上优化绝缘结构，计算海缆的运行特性。

经计算，绝缘厚度为 18mm 时，在海水中、海底直埋和登陆段直埋三种条件下，额定功率运行时绝缘材料的长期耐压强度需要分别达到 62.7、60.9kV/mm 和 62.1kV/mm，耐热能力需要达到 50、66℃ 和 91℃。在 1.2p.u. 额定功率运行下，绝缘材料最高耐压强度需要达到 64.3、63.2kV/mm 和 63.0kV/mm，耐热能力需要达到 67、103℃ 和 110℃。海缆运行参数见表 2.10，不同敷设条件下额定功率的运行特性如图 2.17～图 2.19 所示。

表 2.10　结构优化后 ±1100kV/12 000MW 海缆的运行参数

通流容量	额定功率		1.2p.u. 过负荷	
特性指标	最大电场（kV/mm）	最高温度（℃）	最大电场（kV/mm）	最高温度（℃）
海水中	62.7	50	64.3	67
海底直埋	60.9	66	63.2	103
登陆段	62.1	91	63.0	110

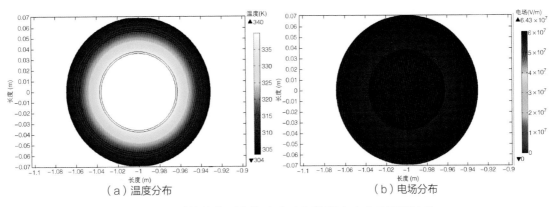

（a）温度分布　　　　　　　　　　（b）电场分布

图 2.17　结构优化后在海水中 1.2 倍额定功率的运行特性

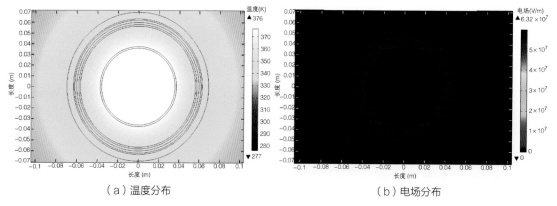

（a）温度分布　　　　　　　　　　　（b）电场分布

图 2.18　结构优化后海底直埋时 1.2 倍额定功率的运行特性

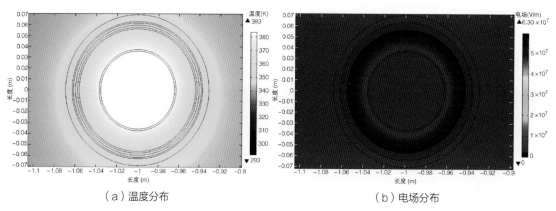

（a）温度分布　　　　　　　　　　　（b）电场分布

图 2.19　结构优化后登陆段直埋时 1.2 倍额定功率的运行特性

由此可见，当电压等级为 ±1100kV，输送容量为 12 000MW 时，绝缘材料的绝缘性能至少要达到 65kV/mm。相比于北欧化工 LS4258 材料，耐热强度要提升 22.2%，耐压特性需要提升 117%。

当采用铝导体时，采用同样的方式对铝导体进行计算，以导电截面积 4500mm² 、绝缘层厚度 43mm 的尺寸计算，可得深海条件下 ±1100kV/12 000MW 特高压直流海缆温度达到 131℃。经过结构优化，在绝缘厚度下降到 30mm 时，最高温度下降至 110℃，此时最大电场强度达到 38.2kV/mm。相比于性能最好的绝缘材料（北欧化工 LS4258），当采用铝导体时，**耐压特性需要提升 9.6%，耐热特性提升 22.2%**。

4. 小结

综上所述，对于 ±800kV/4000MW 海缆，绝缘材料聚丙烯—浸渍纸复合和 P-Laser 基本能够满足指标要求，具备技术应用条件。对于 ±800kV/8000MW 海缆，若采用挤出绝缘技术，相比于北欧化工 LS4258（截至 2019 年年底最领先的固体材料），在材料耐热性能提升 **22.2%** 的前提下，固体绝缘材料在耐压特性的基础上需要提升 **43%**。对于 ±1100kV/12 000MW 海缆，若采用挤出绝缘技术，在材料耐热性能提升 **22.2%** 的前提下，固体绝缘材料在耐压特性的基础上需要提升 **117%**。特高压直流海缆的技术指标见表 2.11。

表 2.11　特高压直流海缆的技术指标

电压等级（kV）		±800		±1100
输送容量（MW）		4000	8000	12 000
铜导体海缆绝缘材料指标	耐压（kV/mm）	20	43	65
	耐温（℃）	75	110	110
铝导体海缆的绝缘材料指标（仅深海条件下）	耐压（kV/mm）	21	33	39
	耐温（℃）	68	110	110

2.2.2 远距离大海深海缆施工技术指标

除了海缆本体以外，要达到 3000m 海深、2000km 级跨海路由的海缆工程水平，海缆的施工和运维技术能力及相关设备水平也需要达到更高的指标。

（1）海缆船。自航式船型，载缆量达到 2 万 t，搭载两个海缆盘，单个转动海缆盘载缆量在 1 万 t，并装配动力定位系统 DP-2（Dynamic Positioning System-2）及以上等级。船上布缆机需要达到 3000kN 张力以上能力，如图 2.20 所示。

图 2.20　大型远洋海缆船概念模型

（2）启动机（检修作业装备）。启动机为故障海缆打捞设备，张力系统的能力达到 3000kN 张力以上。

（3）海底挖沟机（含绞车收放和控制系统）。海底挖沟机为自行式，工作水深达到 3000m，具备先敷后埋和敷埋同步两种作业模式，如图 2.21 所示。

（4）海底勘探设备（检修作业装备）。该设备具有 3000m 海深的勘探能力。

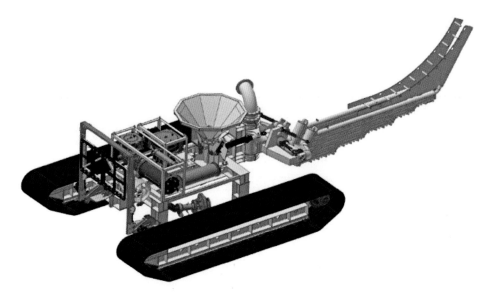

图 2.21　多用途海底挖沟机概念模型

（5）专业施工团队。该团队具备 3000m 海深、2000km 敷设施工能力和深海故障抢修能力，以及实现专业、高效的基本素质，对恶劣天气和其他意外情况有一定程度的承受能力。

2.3 经济性目标

　　直流海缆的经济性水平很大程度上会决定该项技术的市场应用前景和技术推广程度，是技术发展的重要驱动力。本节根据全球能源互联网发展的需要，基于未来预期输电价、输变电设备造价水平，结合工程项目回报率，重点对 ±800kV/4000MW 和 ±800kV/8000MW 等特高压及部分超高压等级直流海缆未来的经济目标进行了研判，使跨海工程输电成本不超过工程首末端电价差。

2.3.1 计算流程

　　经济目标计算主要分为以下流程（如图 2.22 所示）。

图 2.22　预期经济目标计算流程

　　（1）确定电价差。统计全球能源互联网跨海输电需求，确定跨海工程的上网电价和落地电价，得到各电压和容量工程的电价差（落地电价—上网电价）。

　　（2）设定目标收益率。根据社会经济发展进程及其对能源的消耗需求，确定未来全球能源互联网主要跨海工程的内部收益率（Internal Rate of Return，IRR）指标。

　　（3）计算工程总投资。对于特定电压等级、输送容量、陆上和海上距离的输电工程，根据目标电价和设定的 IRR 指标，结合工程寿命周期、损耗等线路参数和年折旧率、税金等费用参数，计算出工程总投资（包括陆上、海上输电投资，以及两端变电换流投资等）。

　　（4）确定跨海总投资。在工程总投资中去除陆地部分可研、勘探等费用，以及换流 / 变电站、陆上架空线等投资，得到跨海段总投资，即直流海缆投资。

　　（5）计算海缆经济目标。根据海缆工程总投资和长度，得到单位长度海缆预期经济目标。

2.3.2　计算结果及分析

　　根据全球能源互联网骨干网架及各大洲和区域电网的规划，跨海输电需求集中在欧洲、亚洲、美洲和非洲等区域，工程投运时间从 2025—2050 年，工程需求主要是 ±800kV/8000MW，此外还涉及少量 ±500kV/2000MW、±500kV/3000MW 和 ±600kV/4000MW 的超高压工程，按照 30 年运营周期计算。

　　经测算，±500kV/2000MW 和 ±500kV/3000MW 直流海缆单位长度造价需低于 250 万美元 / km，±600kV/4000MW 造价需低于 300 万美元 / km，±800kV/8000MW 造价需低于 700 万美元 /km，见表 2.12。若短期内有 ±800kV/8000MW 工程需求，而技术水平尚未达到，则可考虑双回 ±800kV/4000MW 并联的方式，则单回造价需要低于 380 万美元 / km。

表 2.12　未来超 / 特高压直流海缆经济指标

电压（kV）	容量（MW）	电价差（美分 /kWh）	预期经济目标（单回，万美元 /km）
±500	2000 ~ 3000	0.78 ~ 3.53	250
±600	4000	1.01 ~ 3.43	300
±800	4000	1.25 ~ 6.32	380
	8000	1.25 ~ 6.32	700

专栏 2.6	项目 IRR 与总投资的换算关系

IRR 就是资金流入现值总额与资金流出现值总额相等、净现值等于零时的折现率。它是一项投资渴望达到的报酬率，是能使投资项目净现值等于零的折现率。

内部收益率的相关参数包括投资参数、输电线路参数、成本费用参数和主变量参数。其中，投资参数包括经营期、输电容量、总投资、资本金比例、贷款期、贷款利率等；输电线路参数包括电压等级、线路类型、额定输送容量、电能损耗率、线路年平均运行小时数等；成本费用参数包括经营成本占投资总额比例、所得税率、增值税、城市维护建设费和教育附加费等。主变量参数是输电价，确定目标内部收益率后，就可以得到该项目的总投资。

IRR 与其他参数的关系可以表达为

$$\sum_{t=1}^{n} (CI-CO)_t (1+IRR)^{-t} = 0 \tag{2.6}$$

对于输电网规划项目，第一年的净现金流计算

$$(CI-CO)_1 = -inv_{\text{Total}} \times CR \tag{2.7}$$

第 2 年到第 n 年的净现金流计算

$$(CI-CO)_t = income - repay - tax_{\text{Value}} - tax_{\text{Income}} - cost_{\text{op}} \tag{2.8}$$

式中：CI 为现金流入量，万元；CO 为现金流出量，万元；$(CI-CO)_t$ 为第 t 年的净现金流量，万元；n 为经营期，年；inv_{Total} 为总投资金额，万元；CR 为资本金比例；$income$ 为当年的税前电量销售收入，万元；$repay$ 为当年还本付息的金额，万元；tax_{Value} 为当年应交的增值税，万元；tax_{Income} 为当年应交的所得税，万元；$cost_{\text{op}}$ 为当年的运维费用，万元。

3 发展瓶颈

> 本章基于前文技术现状、经济性现状及未来需求分析，详细阐述了发展特高压直流海缆面临的技术性、经济性及市场和政策等方面面临的发展瓶颈。

3.1　技术突破

发展特高压直流海缆，需要在电压、容量、距离、海深提升等多方面实现技术突破。

3.1.1　电压提升

材料的电气性能、结构设计和工艺是电压提升的核心挑战。

1. 本体

（1）绝缘材料。传统黏性浸渍纸绝缘直流海缆制造工艺较为成熟，尤其是聚丙烯—浸渍纸复合绝缘（PPL）材料具有较好的综合特性，但仍需进一步优化绝缘结构设计、提升加工工艺，以确保更好的绝缘特性。

对于交联聚乙烯和热塑性绝缘等固体绝缘材料，挤出制造工艺简单，但受到挤出生产设备截面和敷设施工的限制，绝缘厚度受到限制，因此绝缘材料的电气性能、结构设计面临更大挑战。高压直流海缆三层共挤设备如图 3.1 所示。

基于交联聚乙烯改性的 ±500kV 等级挤出绝缘高压直流海缆的工作场强可达 30kV/mm（北欧化工 LS4258，如图 3.2 所示），当电压等级进一步提升至特高压级别时，绝缘材料将面临更多的空间电荷抑制、电导率敏感性降低等多方面的技术挑战。

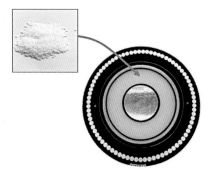

图 3.1　高压直流海缆三层共挤设备　　　图 3.2　海缆绝缘用聚乙烯材料

专栏 3.1　　　　**直流海缆的电场分布基础理论**

　　直流电缆中电场分布是与体积电阻率呈正比的，电阻率与温度、电场均有关，且受空间电荷累积的影响明显。运行中的直流电缆中的电场分布在受到雷电冲击电压、操作冲击电压作用下受介电常数 ε 影响。因此，直流电缆绝缘层中电场分布比交流电缆复杂得多。

　　假定电缆绝缘发热已经稳定，温度 T 和电场强度 E 同时对电阻率产生影响，绝缘中损耗忽略不计，不考虑空间电荷的影响，则距离电缆导体轴线 r 处的电场强度 E 为

$$E = \frac{U\delta r^{\delta-1}}{R^{\delta} - r_c^{\delta}} \qquad (3.1)$$

$$\delta = \frac{\gamma + \beta}{\gamma + 1} \qquad (3.2)$$

式中：U 为绝缘层承受的电压，kV；r_c 为导体屏蔽层外表面的半径，mm；R 为绝缘层外表面的半径，mm；γ 为系数，当 $E=5.25\sim21.0$kV/mm 时，γ 为 $2.1\sim2.4$。

　　从式（3.1）可以看出，直流电缆绝缘层中电场分布与电缆绝缘结构尺寸、承受电压大小和导体负载电流大小有关。

　　当直流电缆导体电流为零，即空载时，最大电场强度在导体屏蔽外

表面上。当负载电流增加时，导体屏蔽表面场强减小，绝缘层外表面电场强度将增大，它会超过导体屏蔽层上场强。

单纯的暂态电压（包括雷电冲击电压、操作冲击电压、极性转换瞬态电压）作用在直流电缆绝缘上，其电场分布与交流电缆一样，按 ε 呈反比分布。运行中的直流电缆系统本身一直承载直流工作电压，暂态电压来袭时会叠加在直流电压上。直流电压叠加冲击电压时，绝缘层中电场分布既不同于交流电缆，又不同于直流电缆，而是两者的综合。

直流电压叠加同极性冲击电压时，叠加瞬间的电场 E_s 为

$$E_s = E_d + E_{tr} = E_d + \frac{V_s - V_d}{r \ln \dfrac{R}{r_c}} \tag{3.3}$$

同样原理，直流电压上叠加反极性冲击电压时，叠加时的电场 E_r 为

$$E_r = E_{tr} + E_d = \frac{V_r + V_d}{r \ln \dfrac{R}{r_c}} - E_d \tag{3.4}$$

式中：E_d 为直流工作电压的稳态电场，按电阻分布，kV/mm；E_{tr} 为叠加的冲击电压的暂态电场，按电容分布，kV/mm；V_d 为直流电缆运行电压，kV；V_s 为叠加同极性冲击电压后电缆绝缘上的电压，kV；V_r 为叠加反极性冲击电压后电缆绝缘上升高的电压，kV。

运行中直流电缆绝缘经受雷击过电压或操作过电压时，叠加反极性冲击电压比叠加同极性冲击电压时的绝缘介质对外表现出的击穿强度更小。这是因为在直流电场作用下，靠近电极处存在着与电极极性相同的空间电荷。在施加反极性冲击电压的极短时间内，被电缆绝缘材料捕获的空间电荷几乎保持不变，且其极性与电极极性相反。这样，在空间电荷与电极间存在着较高的电场，引起绝缘局部场强的畸变。故叠加冲击电压绝缘水平已成为影响电缆绝缘厚度的主要因素，特别是超高压直流电缆绝缘厚度更是决定因素。

　　特高压直流海缆空间电荷积聚、电场畸变更严重。 直流海缆绝缘长期处于直流电场下，由于正负电极稳定地注入电荷并且绝缘材料中杂质存在解离，易积聚空间电荷。空间电荷将会引起绝缘材料局部电场发生畸变（局部电场最高可达平均电场 8 倍），使得绝缘层电场变得不均匀，这不仅会加速绝缘老化，甚至引起绝缘击穿，对于特高压级直流海缆，此现象将会更加严重。因此需要进一步提升对于固体绝缘材料空间电荷的控制。

3.1　技术突破

专栏 3.2　　　　　**空间电荷的来源和危害**

对于交联聚乙烯材料，在交联、脱气等生产过程中会产生副产物，随着电压等级的提高、绝缘厚度的进一步增加，脱气过程更长，交联副产物残留更多。而交联副产物是交联聚乙烯中异极性空间电荷的主要来源，且空间电荷还会受电场作用而发生迁移，并且温度也是改变迁移特性的重要因素。

对于非交联聚丙烯，材料结晶形态随着温度的变化非常显著，海缆运行过程中可能会在材料中生成微米量级的晶体与无定型间的界面，经由界面极化在材料中积累大量的空间电荷。

空间电荷的聚集对海缆绝缘性能的危害主要有三方面：电场畸变、加速老化和材料变形。后两个方面的危害来自材料本身的物理性质，聚合物在空间电荷的作用下容易分子裂解，加速电树枝的增长，并引起电机械击穿。而电场畸变的危害来源于空间电荷与电导的调控关系。以交联聚乙烯为例，根据泊松方程

$$\nabla \cdot E(x,t) = \frac{\rho(x,t)}{\varepsilon_0 \varepsilon_{\mathrm{r}}} \qquad (3.5)$$

式中：ρ 为电导率，S/m；ε_0 为绝对介电常数，$\mathrm{C}^2/(\mathrm{N} \cdot \mathrm{m}^2)$；$\varepsilon_{\mathrm{r}}$ 为相对介电常数。

通过数值仿真可以得到，在交联聚乙烯绝缘海缆中 $1\mathrm{C/m^3}$ 的空间电荷将造成 50kV/mm 的电场畸变［源自 R.J. Fleming，IEEE Magazine］。

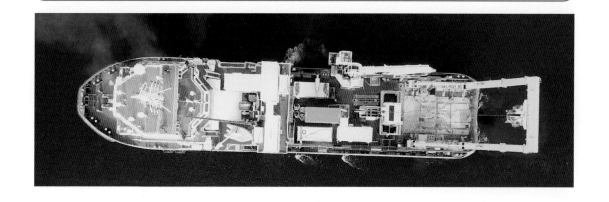

绝缘材料的电导特性需要进一步改善。直流海缆中电场分布受电导率的控制，而电导率对温度和电场的变化较为敏感。随着电压等级的提高，海缆绝缘厚度可能进一步增加，再加上海缆导体温度受负荷和环境温度二者共同作用，在较低的海底环境温度下，绝缘中的温度梯度变化比较复杂，引起绝缘中的电场分布也比较复杂。解决这个复杂问题的根本途径在于降低绝缘材料随温度和电场变化的敏感性，尤其是温度的敏感性，因此需要进一步研究调控固体绝缘材料随温度变化敏感性的方法。

直流海缆击穿场强和绝缘厚度的关系需要进一步量化和验证。绝缘材料的击穿强度是高压直流海缆绝缘结构设计中厚度校核的主要依据。然而不管是直流、交流和冲击击穿电压作用下，击穿场强都随厚度增加呈现下降的趋势。受击穿电压（尤其是直流和冲击击穿电压）难以在厚绝缘上开展试验的限制，全球范围内针对击穿强度的厚度效应均缺乏严格的实验验证。但随着直流海缆电压进一步的提高，厚度增加，现有的厚度效应校核方法是否依然有效，需要有明确的研究证据。

直流海缆绝缘材料寿命指数的确定方法需进一步研究。现有的高压直流海缆绝缘寿命推算方式仍然沿用了交流的方法，而空间电荷对绝缘材料寿命指数的影响，学术界和工程界仍没有统一的意见。针对高压直流海缆绝缘结构设计中寿命的校核，需要开展特高压级、超厚绝缘下的寿命指数确定方法的研究，以获取准确的寿命指数。

（2）屏蔽材料。海缆屏蔽材料与绝缘材料配合使用，通常包覆在绝缘的内外表面，用来均匀绝缘材料中的电场，屏蔽料的电气性能、表面光滑性及与绝缘材料的匹配性十分重要。当平均场强达到一定程度，如 10kV/mm，电极就可能通过肖特基势垒效应（场助热发射）向绝缘中注入电荷，随着工作场强的提高，特别是当工作场强达到 30kV/mm 时，可能在屏蔽层和绝缘层间存在局部凸起，从而经由 Fowler-Nordheim 隧穿效应（场致冷发射）向本体绝缘（交联聚乙烯）中注入电荷，因此提高屏蔽材料电气性能至关重要。

专栏 3.3 　　　**肖特基势垒效应和 Fowler-Nordheim 隧穿效应**

　　肖特基势垒效应是指金属—半导体接触截面上产生的整流特性，就如同二极管具有整流特性。屏蔽材料的电场强度达到 10kV/mm 以上时将出现肖特基势垒效应。由半导体到金属，电子需要克服势垒；而由金属向半导体，电子受势垒阻挡。在加正向偏置时，半导体一侧的势垒下降；相反在加反向偏置时，半导体一侧势垒增高。这样，金属—半导体接触界面上就产生了整流作用。需要注意的是，不是一切金属—半导体接触都会产生肖特基势垒效益。

　　Fowler-Nordheim 隧穿效应是指对于半导体异质结或者 MIS 的界面势垒，在加有较高的电压时，势垒中的电场很强，则这时电子隧穿的界面势垒可近似为三角形势垒，并且该隧穿三角形势垒的宽度与外加电压有关（即与电场 E 有关），如图 3.3 所示。屏蔽材料的电场强度达到 30kV/mm 以上时将出现肖特基势垒效应。

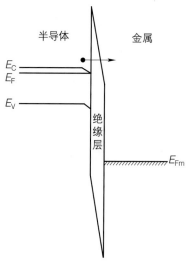

图 3.3　Fowler-Nordheim 隧穿效应

注　资料来源于《半导体器件完全手册》（第二版），科学出版社，2009

屏蔽材料的电热学性能仍需进一步提高。对于特高压直流海缆，屏蔽料的电热学性能要求比超高压将更为苛刻，包括常温和最高运行温度下的电导率最大值、模压后样品的热延伸伸长率的最大值，以及屏蔽料表面光滑度等。±500kV 屏蔽料常温下体积电阻率小于 100Ω·m，90℃下体积电阻率小于 300Ω·m；200℃×0.2MPa×15min 条件下，模压后样品的热延伸伸长率低于 70%；屏蔽料表面的光滑度控制在表面不存在 75μm 以上的突起。根据理论推导和性能评估，特高压等级海缆的屏蔽材料需要在电导率、热延伸伸长率和光滑度三方面性能全面提升，与未来需求还有很大差距。

屏蔽材料的空间电荷和电导率的平衡要求苛刻。特高压屏蔽料在满足绝缘空间电荷和电导的平衡方面有更高的要求。电导率及空间电荷协同调控及抑制的基本原则是指：高场下材料电导率有上限，根据具体的损耗要求在高直流场下，要考虑损耗的问题，即材料的电导率不能太大，否则有很高的泄漏电流；低场下材料电导率有下限，由于非线性均压材料相较于绝缘材料而言电导率较大，如果其有一端不与电极连接，则这一端就相当于相反电极的延伸，引入新的电场畸变区域。

（3）绝缘结构设计。受电压等级提高、绝缘厚度增加的影响，以及测试条件的限制，高压直流海缆绝缘材料中关于空间电荷及电导对电场分布的影响非常复杂，难以完全通过试验定量这种影响，需要借助数值计算的方法，通过绝缘材料在电场和温度场作用下的物理模型，采用三维数值仿真方法，获得厚绝缘和复杂结构的电场分布随负荷、温度以及电场变化的定量描述。因此，绝缘结构设计方法也由依赖经验公式转而采用依赖数值仿真辅助计算和实验研究相结合的方法论，但其准确性和精准度还需要进一步验证和提升。

2. 附件

对于浸渍纸绝缘海缆，附件技术较为成熟，但是对于挤出绝缘海缆，仍是主要薄弱环节。据实验室统计，海缆试验过程中，80% 以上的击穿发生在附件部位，是直流海缆电压等级提升的瓶颈。挤出绝缘海缆接头主要包括工程接头和预制接头两种。

（1）工厂接头。主要瓶颈包括制造工艺和绝缘设计两方面。

1）制造工艺。工厂接头试制生产并无标准的生产设备和成熟的工艺技术，工厂大多是参考海缆在硫化管道的工艺参数完成工厂接头制作。制造工艺的技术瓶颈包括绝缘内部界面恢复工艺、绝缘挤出和硫化工艺、海缆屏蔽恢复工艺三个方面。

专栏 3.4　　　　　**挤出海缆工厂接头技术瓶颈**

在绝缘内部界面恢复工艺方面，工厂在制作软接头时，先将海缆本体绝缘部分削成"铅笔头"形状，然后通过单螺杆挤出机将海缆绝缘材料挤到模具中并将海缆绝缘恢复。这样，原有海缆绝缘与新挤出的海缆绝缘就会存在一个界面，从而会引入"界面问题"，容易积聚空间电荷，形成绝缘薄弱点。

在绝缘挤出和硫化工艺方面，在单螺杆挤出绝缘的过程中，由于软接头模具温度不均匀或者排气不顺畅，较易在软接头绝缘挤出过程中引入气孔、气泡等。而且，相比于海缆本体，软接头制作受到工厂生产效率的影响，交联完成后在较短时间内完成脱气，增加了形成表面缺陷和气泡的概率。

在屏蔽恢复工艺方面，与海缆本体屏蔽通过挤出完成试制不同，软接头屏蔽是通过绕包半导电带子完成恢复的，屏蔽层的表面平整度较差，存在一定的凸起和凹陷。而且，软接头的试制是先制作内屏，然后制作绝缘，最后制作外屏，分三步完成，附件中的屏蔽材料和绝缘之间融合性和黏结性显然不如海缆本体。

2）绝缘结构设计。海缆附件绝缘结构设计，从根本上还是借鉴了交流海缆附件设计方法，只是在电场计算方程上，由准静电场公式转变为电流场公式。但是在计算过程中，未考虑空间电荷积累对电场及电导率的影响，也没有将电导率与温度、电场的定量变化关系纳入附件绝缘结构设计中。尤其在直流叠加冲击电场下，决定电场分布的因素将不仅仅是电流场，介电常数也对电场分布具有重要影响。此外，海缆绝缘和增强绝缘间的界面极化特性、界面局域态对电荷积累的影响及其对界面电场分布的影响，都缺乏定量依据和计算方法。

（2）预制接头/终端。

1）应力锥是整个附件设计的难点。在附件绝缘系统中，海缆本体绝缘和连接件应力锥绝缘组成双层绝缘介质。在交流海缆连接件中，双层绝缘介质的电场取决于介电常数，故其设计简单且有成熟的理论。但针对直流海缆附件，其电场分布也受到电阻率的影响，并且必须考虑双层介质的电场分布，其结构设计难度较交流海缆更大。由于双层介质的材料不一样，在直流电场下界面的空间电荷积聚效应更为明显，如何有效地解决空间电荷问题也是难点。对于特高压等级直流海缆附件，应力锥绝缘性能必须与附件的绝缘材料性能匹配，需要从系统的角度考虑其材料和结构设计。

2）附件的绝缘材料的耐压能力有待提升。随着电压的升高，附件绝缘材料中所承受的电压随着提高。如通过单纯增加附件的几何尺寸来提升附件的耐压能力，特高压直流电缆附件的体积会非常大，这会给附件的生产制造和安装造成更大的困难，也非常不经济。可行的方法是研究耐电强度更高、热稳定性更好、成型性能更佳的绝缘材料。

3）相关生产、检测设备和工装需要改进。电压等级提升，附件绝缘成型时的注射压力、容量随之增加，可能导致现有生产设备无法满足更高电压等级的附件生产需要，需研究开发新的设备。此外，电缆附件现有生产、检测工装不能适用特高压等级产品的生产，需要研发适用于更高电压等级的电缆附件生产、检测工装。

专栏 3.5　　附件端头的电场分布和应力锥的均匀电场作用

　　安装电缆附件时，为了防止线芯和金属屏蔽层间短路，须将外护层、铠装层和金属屏蔽层剥去，因而电缆端头的电场分布比电缆本体复杂得多，电场不仅有垂直于轴向的分量，而且还有沿轴向——沿电缆长度方向分布的不均匀的分量。

　　剥开金属屏蔽层后，不管是否安装终端装置，其绝缘均为两种以上的介质。这样电场的方向斜射到介质的分界面上，分界面上就会产生电场的弯折，电场会产生法向和切向分量。在电缆绝缘表面有电场的法向分量和切向分量的作用，一般介质切向方向耐电强度很低，达到一定电场强度后会引起沿面划闪放电，造成绝缘破坏。因此，电缆端头必须进行均匀电场的处理。

　　为了改善电力电缆绝缘屏蔽层切断处的电场集中，现有的改善电场方法有几何法和参数法，高压电缆一般采用几何型电应力控制法，即应力锥缓解电缆端头的应力集中，应力锥曲线的曲率会直接影响电场的分布。设计时可借助计算机编程进行精确计算和绘制应力锥曲线，但实际生产中对于复杂曲线的加工存在一定难度，实际应用的曲线应根据生产加工技术在满足工程应用的前提下进行适当调整。终端电力线及等位线分布对比如图 3.4 所示。

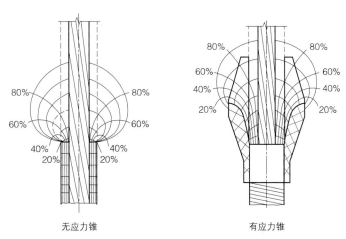

无应力锥　　　　　　　　　　有应力锥

图 3.4　终端电力线及等位线分布示意图对比

3.1.2　容量提升

导体通流容量和绝缘材料热特性是提升容量的主要挑战。

导体通流容量取决于导体导电率和导体截面积。海缆的导体普遍采用铜和铝，两者都是金属中导电率很高的材料。如果未来采用其他贵金属甚至超导的方式，将进一步提升导体的导电率，增加导体的通流容量。另外，短期内如果无法实现导电率提升，可通过增大导体面积实现容量提升。对于浸渍纸绝缘海缆，导体截面积主要受限于运输和施工。随着容量的提升，导体截面积需要进一步增大，必然导致海缆自

图 3.5　3000mm^2 大截面导体制造

重增大，同时半径增大使得海缆的最大弯曲率降低，对于施工过程中的运输和敷设均是很大的挑战。对于挤出绝缘海缆，除了运输和施工因素外，还受限于导体生产设备及工艺，固体挤出设备能生产的最大截面积不超过 21 000mm^2（外径 165mm），在绝缘厚度的限制条件下最大导体截面 3000～3500mm^2（如图 3.5 所示），最大通流能力一般不超过 3000A。

另外，容量的提升通常需要提高电流，而提升载流密度会进一步提高海缆运行温度。对于浸渍纸绝缘，传统黏性浸渍纸绝缘电力海缆的浸渍剂虽然黏度很大，但它在温度过高时仍有一定的流动性，造成绝缘系统的黏性油分布不均的情况，会出现某些浸渍油稀薄的地方绝缘强度下降，引发局部放电甚至绝缘击穿。对于挤出绝缘海缆，导体外部的绝缘材料是一种无机高分子聚合物，其电阻率会随着温度的变化而变化。海缆导体通流时，海缆外部与环境接触，温度低，海缆导体发热导致绝缘内部温度高，绝缘材料的内外表层将形成温度梯度。导体半径增大时，通流量的增大导致绝缘材料径向温差加大，可能导致电场反转的现象，最大场强位置可能由内绝缘反转至外绝缘，形成严重的电场畸变，降低了绝缘强度，甚至导致绝缘击穿。对于热塑性绝缘材料，内部高温还会引起绝缘材料的形态发生变化，且不具有自恢复特性，引起海缆整体形态的改变，造成机械强度和绝缘特性方面的隐患。

直流海缆绝缘层中电场分布

不同于交流海缆的电场分布是随着介电常数变化，直流海缆绝缘层的电场是关于电导率的函数，而电导率与温度、电场关系均非常密切，电导率表达为

$$\sigma = \sigma_0^{\alpha\theta+\beta E}$$

式中：σ_0 为基准电导率，α、β 为常数，θ 为温度，E 为电场强度。

根据以上关系，得到在典型的海缆结构中电场强度在海缆绝缘层内的径向分布如图 3.6 所示。

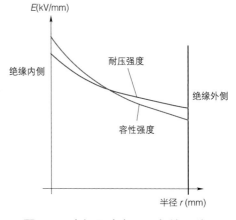

图 3.6 电场强度在不同条件下随半径变化示意图

通过热学和电学的有限元仿真，可以得到在不同径向温度分布时对应的电场分布，如图 3.7 所示。内低外高的畸形电场强度分布是引发绝缘击穿的重要诱因。

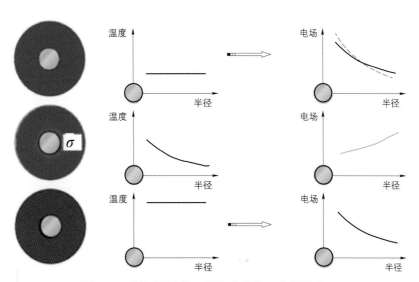

图 3.7 绝缘材料内不同温度分布下电场分布

3.1.3 距离提升

附件及运维技术是距离提升的主要挑战。 随着跨海输电距离的提升，海缆工程的运行可靠性变得尤为重要，尤其是海缆接头和终端等薄弱环节，同时需要加强运行时的故障检测和故障后的定位能力。

附件性能及可靠性有待提升。 就设备本体故障情况来看，附件故障率远高于海缆本体，尤其是中间接头故障约占到附件故障的 70%。根据第三方实验室统计，80% 以上试验击穿事故来源于连接件的故障。未来，大海深、长距离跨海输电工程对海缆本体和附件的阻水性、机械强度、使用寿命、耐压能力和温升效应等都提出了更高的要求，以保证海缆工程的安全运行。接头和终端技术仍是国际各研究机构和制造企业在挤出绝缘海缆技术路线上尚需突破的主要瓶颈。附件的绝缘材料本身拥有良好的绝缘性能，但它和缆体本身形成的界面容易成为绝缘薄弱点，而且预制接头和终端往往需要在户外相对恶劣条件下进行安装，安装工艺较难保证。因此附件可靠性提升的核心是加强现场安装过程管控，保证附件和缆体的材料界面的配合，包括半导电和绝缘材料等，在温度、时间、真空度、浇注速度等控制环节上保证附件加工质量。

阶段性的解决方法是增大单根海缆的长度，以减少中间接头的使用，减少绝缘薄弱环节的数量。大长度无接头的海缆制造主要由交联工序连续不停机开机能力决定。部分企业的交联开机时长已经达到 30 天，长度约 20km（对于 ±320kV 海缆），相对于陆缆交联 7 天停机清理一次的周期，已经实现了跨越。但对于几百千米的工程路由来说，依然需要较多的接头。因此，继续提升海缆大长度无接头制造能力也是提升长距离海缆工程可靠性的一个方案，但并不能从根本上解决问题。

在线监测系统有待完善。欧洲在运海缆工程中，本体和附件（接头＋终端）故障比例约为 1:1。虽然海缆本体的可靠性比附件高，由于本体距离较长，且在浅海段遇到渔船抛锚和海洋施工受损可能性较大，故其故障比例高达 50%。因此需要对海底电力电缆区域的渔业和建设活动加强日常监视和在线监测。海缆路由距离长、路由海况复杂、人为活动繁忙都对海缆的安全运行带来无法避免的风险。同时，海缆造价高昂，且绝缘为非自恢复性，一旦击穿维修代价巨大，这些对工程运行部门的检测和管理都提出了较高的要求。另外，要提高大电网系统的经济性，运行部门也需要准确监测海缆的实时状态，实现海缆的高效利用。因而，从电力系统的安全性、可靠性和经济性角度出发，对海缆运行状态进行实时、准确监测具有重要意义。

海缆监测主要依赖于海缆内置（或捆绑）敷设的光纤来实现，通过光纤进行传感和传输监测数据，以实时掌握海缆的运行情况和健康状态。但由于光纤损耗导致的信噪比降低，再加上非局域效应，这种基于光纤的海缆在线监测方式的监测长度是有限的，如何提高在线监测长度是本项技术的关键。

专栏 3.7　　典型海缆综合检测系统构成

　　直流海缆综合在线监测系统由海缆扰动监测、海缆温度监测、应力监测和 AIS 海缆监控共四个子系统组成，综合利用了 OTDR，ROTDR 和 BOTDA 技术，密切监测海缆的扰动、温度、应力等信息。其主机设在端部换流站内，换流站与接头井之间通过管道光纤相连。综合在线监测系统框架图如图 3.8 所示。

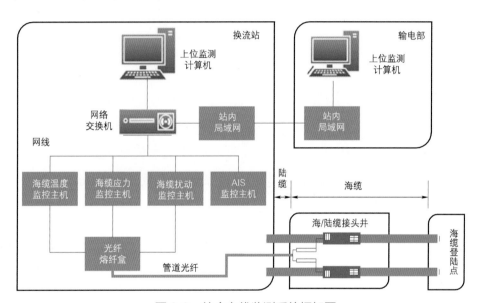

图 3.8　综合在线监测系统框架图

　　位于换流站的各监测主机控制相应激光源发送光脉冲进入引导光纤，之后通过光纤熔纤盒进入海缆内部复合的传感光纤，同时各监控主机监测传感光纤的散射信号，对信号进行采集与处理；AIS 基站在接收到 AIS 信号之后，以 IEC 6112FZMD—8 八路信号分配器规定的数据格式通过以太网接口输出并实时传输到监控中心的 AIS 监控主机；站内各监控主机（温度监控主机、扰动监控主机，应力监控主机，AIS 监控主机）通过网络交换机、以太网与站内监控上位机相连，将监控信号上传至站内监控上位机，并将数据存入上位机数据库系统，以便日后查询与分析；同时，站内上位机通过站内局域网与输电部控制室内监控上位机相连，完成综合在线监控系统的远程访问与控制；站内监控主机实时将监控数据传送至输电部监控上位机，实现信息的及时反馈与共享，以便运行人员能够实时了解海缆运行状况，随时处理报警信号。

故障定位精度需进一步提升。海底定位要求精准度高，深海海缆的故障勘测定位是世界级的难题。常用的阻抗法、OTDR法和行波测距等定位方法的定位长度和精度都有限，难以满足现阶段海缆工程的故障定位需求。当海缆距离增长时，保持故障定位精度的难度快速提升。未来，数百千米，甚至上千千米跨海输电工程中，故障定位挑战更大，需要优化故障定位方法，同时探索新型定位方式。

人类活动对海缆运行的影响需要进一步避免。海底通信和电力电缆150多年的运营经验历史表明，大多数海缆断线都是人为原因造成的，渔具和船锚是造成海缆损伤的两个主要因素。19世纪60年代中期到70年代中期之间，桁杆拖网（一种渔具）曾造成欧洲北海总超过100次的通信和电力海缆故障。人类活动对于海缆运行的影响仍是一个巨大挑战。

专栏 3.8　　故障定位方法和技术难点

　　大长度海缆故障一般分为初测定位、路径确认、精确定点三个步骤，每一步都有难点。故障定位的设备、案例、经验欠缺，且没有商品化设备销售，相关资料也很少，导致定位服务周期长，费用昂贵。三个阶段的方法及难点简略描述如下。

　　（1）初测定位。可采用电压降法及谐波振荡法（FDR），但设备容量、抗干扰能力亟待提升，还不能适用远距离、大海深的应用场景。

　　（2）路径查找及确认。难度与电缆长度及水深有关，需要研发快速可靠的方法及设备。

　　（3）精确定点及故障位置确认。这个步骤难度最大，需要多探头与地理信息系统联动，测量大范围的声磁信号，故障定点及确认需要水下机器人配合。

　　上述三个步骤，均需要利用现代通信手段，使多处设备同步测量，云存储及处理数据，研发规范化定位设备，才能缩短定位时间，提高精确度。

综合作业能力需要进一步提升。打捞技术、现场接头制作和维修后回放技术水平代表了海缆工程综合运维能力，关系到重大工程项目的投资收益和社会服务。为避免海缆遭受渔具和船锚损伤而使用深埋、抛石、连锁块等多种电缆保护方式，这些保护措施一定程度上也给海缆的打捞和维修带来了不利影响。掌握故障准确定位、海缆快速打捞、现场接头制作和维修后安全回放等综合作业能力显得至关重要。

故障海缆的打捞离不开对水下具体地形地貌和覆盖物的探测，打捞设备需要针对不同水下状况有的放矢、精准高效。高电压等级海缆现场接头需要有良好的环境控制措施和适用的工具，能够满足作业中的加工工艺要求，确保维修质量。海缆的修复后的回放需要根据水深和电缆情况配备弯曲限制器等机械防护装置，作业方法和入水方式不致造成海缆的二次损伤，同时选择合适方式恢复原电缆在该路由区域的保护措施，尽可能保护本修复段电缆的水下安全。

3.1.4　海深提升

深海敷设在海缆本体和敷设施工两个方面均面临挑战。

海缆本体阻水、机械及重量等方面需要提升。随着海深的加大，水压不断加大，对于海缆径向和纵向的阻水要求不断提高。首先考验的是海缆的抗静水压能力。为提升阻水能力，海缆本体的设计以实心化为导向，以减少海缆压溃的风险。导体宜采用高紧压系数的绞合型式，绝缘材料宜选用热固型的固体材料，金属屏蔽宜采用挤出式工艺加工。其次在海缆阻水设计方面，常规浅海海缆采用带材的导体阻水方式难以适用于异型结构，可以考虑采用胶质半导电材料，同时还需满足易于涂敷、能耐高温、能高落差敷设使用等条件，材料要求较高，研发进展缓慢。不同海深的水压见表3.1。

表 3.1　不同海深水压

海深（m）	压力（atm）	压力（MPa）
1	1.10	0.11
10	1.99	0.20
100	10.92	1.10
200	20.84	2.11
500	50.60	5.12
1000	100.20	10.15
1500	149.80	15.17
2000	199.40	20.20
3000	298.02	30.25
5000	497.02	50.36
10 000	993.04	100.61

　　同时，需要降低海缆自重，提升机械强度。考虑深海海缆在铺设过程中，在海面与海床之间的海缆没有任何依托，只能凭借自身机械强度应对外加的拉力。因而，自身重量和外径不宜过大，以减小海缆机械载荷，且自身要有一定的承受拉力的强韧性。但与此同时减小缆身重量和外径是深海敷设面临的难点。通常采用的方法是螺旋双层铠装，一方面增加机械强度，另一方面抵消深海海缆在铺设过程中由于洋流或敷设过程产生的自身打扭现象，降低海缆被扭断的风险。大海深敷设需要采用底部张紧器将海缆张紧，避免海缆出现打扭故障，但张紧器的使用对于海缆的结构设计有更高的要求。

　　未来需要从导体、绝缘材料、铠装三个方面提升海缆的相关性能。海缆的重量主要来源于导体和铠装的重量，而半径的大小主要取决于绝缘层的厚度。导体方面，深海海缆可以考虑采用铝作为导体材料，以减轻海缆总量，但导体材料过渡接头成为攻关难点。绝缘方面，增强绝缘材料本身的耐压强度以减小绝缘层厚度。铠装方面，可以通过铠装材料和结构的优化，在保证机械强度的前提下尽量减小缆身重量和外径。

　　施工装备与敷设技术需进一步提升。未来海缆的电压等级和输送容量都将大幅提升，必然带来海缆重量的提升，加上敷设海深的加大，海缆的施工和维修难度都将大幅增大。预计未来敷设 2000～3500m 深的海缆需要的吊臂牵引力增加到现阶段的 20 倍左右，敷设需要更大载缆量的敷设船和张力更大的吊装设备。另外，深海的环境复杂增加了海缆故障时的定位和维修难度，这方面甚至比海缆敷设过程难度更大。在后期运维时，深海海缆的故障勘测定位是世界级难题，因此需提升深海勘探机器人的能力，同时探索其他定位方式。

3.2　经济性提升

经济性是海缆进一步推广应用的关键因素。发展特高压直流海缆将面临生产成本、施工成本、需求规模等方面经济性挑战。

绝缘材料昂贵。高压直流海缆的绝缘和屏蔽材料是针对特殊用途的材料，技术门槛高，对化学化工的制造工艺和加工能力要求非常高，只有北欧化工、陶氏化学及日本联碳等少数企业供应相关材料，原材料价格长期处于较高水平，是一般聚乙烯的 4～6 倍。以北欧化工为例，其可提供的交联聚乙烯高压直流海缆绝缘材料有两种：一种编号为 LE4253，是用在 ±320kV 及以下电压等级，价格约 6000 美元 /t；另一种编号为 LS4258，是用在 ±500kV 电压等级，价格约 7000 美元 /t。未来特高压电压等级海缆的绝缘材料，在耐受温度、绝缘能力和物理特性等多方面都需要大幅提升，对绝缘基料和制备工艺方面都有更加严苛的要求，预计价格较 LS4258 材料还将有一定的上升。

导体材料价格波动。海缆常用导体铜和铝都是国际有色金属，受到国际有色金属期货价格影响很大，波动剧烈，具有不确定性，对于海缆本体的造价也有一定影响。

生产设备造价昂贵。以交联聚乙烯固体挤出设备为例，世界上只有德国和芬兰生产挤出机，单台造价达到 200 多万欧元。对于中大型海缆生产企业，通常需要配备至少 3~4 套生产设备才能满足市场需求。对于多数厂家来说，这是一笔较高的初期投资，间接影响海缆造价。

施工造价占比高。设备成本主要包括施工船、海底机器人等，同时施工时间和设备投入受到海域深度、海底地质条件、天气等因素影响，并且部分工程防护要求很高，导致造价较高，通常可占综合造价的一半甚至更高。5000t 载缆量的海缆敷设船的总体造价大约 200 万美元，1 万 t 载缆量的造价大约 600 万美元，海底施工机器人造价通常为 100 万美元。以 1 万 t 载缆量的大型海缆敷设和运维的动力船为例，按 30 年设备服务期计算和一半的施工时间，仅不计燃料、人力和设备维修的敷设船成本就达到约 1 万美元 / 天。此外，正常天气条件下，每天可以施工 5～6km，当遭遇恶劣天气时最多 3km，甚至停工，从而导致总体施工费用大幅增加。

运维及抢修费用高。主要涉及系统在线监测、应急抢修的费用，海缆的运维费用一般远高于架空线。

直流海缆工程往往是作为输送容量较大能源的输送通道，具有不可替代性。正常运维情况下，需要配备船只航运信息统计系统、视频监控和红外摄像系统等在线监测、控制设备，总体造价通常达到数百万美元水平。故障情况下，由于故障对于海岛、海上能源开发基地等受端用户的用电具有重大影响，往往直接造成较长时间的电力能源供应中断，造成巨大的生产生活损失，需要尽快抢修。首先需要精准的故障定位系统，世界上常用的系统仍不能完全满足精确定位要求。同时，海缆抢修过程需要经过打捞、检测、替换海缆定制、重新敷设作业等步骤，且每个步骤都必须顺序完成，无法同时进行。仅定制加工相应规格、长度的海缆至少需要 15 天生产周期。如果海深较大，或海况较复杂，加之海缆本体可能附着海草、微生物、珊瑚等海洋生物，难以辨别，且可能在海底洋流作用下产生位移，寻找和打捞海缆就要花费大量的人力、物力。国际领先的海缆企业通常承诺维修周期至少需要 100 天，遇到天气恶劣等意外情况需要进一步延长，导致输电中断和海缆维修等经济损失的持续增加。

专栏 3.9　　　　**印尼苏门答腊—爪哇高压直流**
海缆项目事件

2012 年，印尼国家电力公司宣布计划斥资 20 亿美元修建一条连接苏门答腊岛和爪哇岛的高压直流海缆项目，设计输电容量为 3000MW，并列入电力供应规划 RUPTL。

然而 2016 年，在项目已经申请通过的条件下，项目开发商印尼国家电力公司 PLN 最终放弃了连接苏门答腊岛和爪哇岛的高压直流海缆项目。除了技术原因外，放弃的首要原因是项目的经济性问题。PLN 总裁 Sofyan Basir 解释说，在当前条件下建设这条高压直流海缆项目是不合算的。此外，苏门答腊岛—爪哇岛高压直流海缆项目造价颇高，其融资就存在很大难度。

3.3 市场及政策推进

由于海缆技术门槛较高，市场主要由少数几家龙头企业垄断，导致市场竞争不充分，而各国政府和相关机构也未出台足够的鼓励性政策。同时，在能源变革背景下，尽管海缆需求规模不断增加，但还没有引起各国相关部门的足够重视。

技术推动政策缺乏。特高压大容量直流海缆的研发涉及电力、物理、材料、化工、机械等多方面的理论和试验研究，需要耗费大量的人力、物力，对技术研发能力提出很高要求。国家或区域性政策的扶持和补贴对海缆技术的发展起着至关重要的作用。

纵观海缆发展历史和现状，只有科研能力强、经济水平高的发达国家才有突破更高电压等级、更大输送容量直流海缆技术的能力，但这些国家往往是大陆国家，对海缆需求更多集中在海上风电开发，总体需求量较小，政策扶持少。相对而言，半岛和岛屿国家对跨海输电需求大，容量要求高，但往往相对落后，不具备特高压大容量直流海缆的研发能力，也没有扶持政策。因而，无论是相对发达的大陆国家还是相对落后的岛屿、半岛国家，海缆行业的研发能力和市场需求都是不匹配的，造成了全球跨海输电领域扶持政策少、特高压直流海缆技术研发动力不足的困局。

随着全球能源互联网的构建和发展，海上清洁能源开发和国际洲际跨海互联成为能源发展的大势所趋，高电压大容量直流海缆的市场需求迅速增长，市场容量大幅提升，成为解决跨海输电政策困局的良好契机。拥有特高压大容量直流海缆研发能力的国家和地区会逐步注意到跨海输电领域的市场空间和投资商机，为鼓励本国企业和相关单位抢占能源跨海输送市场而草拟和发布政策扶持和电价补贴等，推动特高压大容量直流海缆技术的研发和突破。

商业化扶植政策不足。远海风电和跨洲、跨国能源互联是特高压大容量直流海缆技术未来应用和推广最重要的领域，将推动未来技术实现的特高压直流海缆进一步投入工程应用，在更大的范围和更多的场景中实现推广。因而远海输电和能源互联相关的政策扶植对于直流海缆技术的商业化具有巨大推动作用。

　　海上风电的政策补贴和支持对直流海缆的技术进步和行业发展产生了一定的积极影响，但由于远海输电工程较少、规模有限，对特高压大容量直流海缆技术的推动作用有限。未来随着远海风电开发和远距离能源互联的需求增加，相关国家和地区将出台相应工程和电价的扶植和补贴性政策，帮助特高压直流海缆实现产业化。

专栏 3.10	中国海缆市场受政策的影响

• 聚焦于技术推动政策——电力行业的减税降费政策

中国政府通过政策鼓励和促进海缆企业加强对高电压大容量直流海缆技术的攻关力度。近年来，中国持续推进电力企业减税降费政策，预计电力企业将有 2 万亿元的红利，该利好也将传导给上游企业，包括电缆海缆制造商。对于中国几家龙头电缆制造商，在电力行业持续政策利好的带动下，海缆业务在 2018 年实现爆发式增长，主要收入和利润从电力电缆贡献逐步转变为由海缆贡献，而且这一趋势将持续强化。在这样的政策背景下，亨通、东方、中天等中国电缆领先企业先后攻破了 500kV 光电复合海缆和国产大长度海洋脐带缆的技术，建成了世界首根大长度 500kV 交联聚乙烯绝缘海缆工程——宁波—舟山 500kV 大陆联网项目。

• 聚焦于商业化的政策——海上风电补贴政策

近年中国海上风电加速发展，海上风电补贴连续多年保持稳定，福建和广东运营的海缆工程的内部回报率 IRR 接近 20%，对海缆行业的工程应用推广有直接的推动作用。截至 2019 年年底，在建、核准待建和核准前公示的项目总规模约 49.30MW，对应的投资规模约 9300 亿元。按照单位千瓦海上风电项目的海缆的平均造价 1700 元估算，仅考虑在建和已核准项目，海缆市场规模约 490 亿元，如果进一步考虑处于核准前公示阶段项目，那么对应的海缆市场规模约 840 亿元。以东方电缆为例，2018 年净利润约 1.7 亿元，增长约 240%，公司海上风电营收占比高达 35%。

4 研发规划与路线图

本章重点对未来特高压直流海缆技术路线和经济性进行了研判，重点分析了未来研发内容、里程碑计划，绘制了特高压直流海缆发展路线图。

4.1 总体研判

4.1.1 技术研判（如图 4.1 所示）

图 4.1 技术研判

浸渍纸和挤出绝缘海缆在中短期内可实现特高压等级，但单回输送容量有限；中长期来看，挤出绝缘是突破大容量海缆更好的技术路线。

浸渍纸绝缘材料和工艺技术历史悠久、工程经验丰富，由于空间电荷效益不明显，在提升海缆电压等级方面上具备较好的潜力。特别是其中的聚丙烯—浸渍纸复合绝缘技术路线，研究最高技术水平可达 ±700kV，工程应用的最高水平达到 ±600kV，均为直流海缆技术的最高技术水平。部分厂家已经针对特高压级海缆开展了聚丙烯—浸渍纸复合绝缘材料的性能评估工作，并获得了初步研究成果，具备了部分关键技术储备，不久的将来可以通过进一步改善绝缘结构取得特高压海缆实质性的突破。

挤出绝缘海缆在电气性能和工艺效率方面具有明显优势，且在 21 世纪初开始大规模推广以来发展迅速，在短短不到 10 年的时间内电压等级迅速从 ±320kV 发展到 ±640kV 技术水平，在电压等级和容量上赶超传统的浸渍纸绝缘技术路线。截至 2019 年年底，交联聚乙烯绝缘技术路线的最高技术水平可达 ±640kV/3000MW 级，热塑性绝缘技术路线的最高技术水平可达 ±600kV/3200MW 级，在未来特高压大容量直流海缆的发展中相比浸渍纸绝缘具有更大的发展前景。预计未来绝缘、屏蔽等材料电学性能将继续取得进展，绝缘结构设计和集成制造也将趋于完备，本体加工工艺和附件可靠性随着技术进步而逐渐提升，挤出绝缘路线在短期内可突破特高压等级技术水平，中长期上是实现更大容量、更高电压等级技术水平更有潜力的技术路线。

经过性能评估，多种绝缘材料能够满足 ±800kV/4000MW 直流海缆技术需求，预计 2025 年可实现 ±800kV/4000MW 技术。

经过 1.3 节的绝缘材料体系评估（表 1.1），交联聚乙烯、热塑性绝缘和聚丙烯—浸渍纸复合绝缘（MI-PPL）三种技术路线的绝缘材料均已基本达到 ±800kV/4000MW 技术要求。结合发展趋势，预计 2025 年浸渍纸和挤出绝缘两种直流海缆技术路线均可实现 ±800kV/4000MW 容量水平突破，逐渐趋于成熟，并应用于跨海工程。重点需要通过市场需求来推动和引导各国研发机构和供应商加大投入，尽快实现工程示范应用。如要短期内要实现 8000MW 的工程输送容量，可采用 4000MW 容量的海缆双回并联的方式。

随着绝缘和导体材料的发展和进步，预计 2035 年可实现 ±800kV/8000MW 特高压直流海缆技术，2050 年有望实现 ±1100kV/12 000MW 特高压直流海缆技术。

在工程实践和市场需求的驱动下，通过本体和附件的绝缘、屏蔽等材料性能的提升和优化，2035 年挤出绝缘的技术路线可能具备 ±800kV/8000MW 技术水平。在产学研各方联合开发和共同努力条件下，绝缘和屏蔽等材料可能取得更大突破，2050 年有望实现 ±1100kV/12 000MW 输送容量水平，从而和陆上架空线连接，实现一体化输电联网方式。

4.1.2　经济研判

基于直流海缆的技术和发展趋势，超高压直流海缆技术成熟较早，其经济性有一定的有限提升空间。特高压直流海缆技术随着技术开发、进步和工程大规模应用逐渐成熟，经济性将会有较大提升。

经济性研判是根据以往海缆工程造价水平、组成特点及发展规律，主要考虑导体、绝缘、屏蔽和铠装四个主要造价组成的方面和未来材料成本的发展趋势，计算得到未来短期和中长期的本体造价水平。同时，结合未来新技术研发、设备更新换代和实验测试成本，以及敷设施工、竣工试验和试运行等工程建设造价水平和发展趋势，计算得到未来超高压、特高压技术水平的直流海缆工程分别在 2025、2035 年和 2050 年的工程综合经济性水平。

预计 **2025 年**，±500kV～±600kV/2000MW～3000MW 超高压直流海缆造价将比 2019 年有 10%～15% 的下降，降低至 200 万～270 万美元 /km 左右。±800kV/4000MW 容量特高压直流海缆在技术突破初期，造价会处于高位，大约 360 万美元 /km。**2035 年**，±500、±600kV 和 ±800kV 高压直流海缆造价水平较 2025 年将分别下降 10%、10% 和 20%，其中 ±800kV/4000MW 特高压直流海缆约 290 万美元 /km，±800kV/8000MW 海缆造价约为 520 万美元 /km。**2050 年**，±500、±600kV 和 ±800kV 较 2035 年将进一步分别下降 5%、5% 和 10%～15%，其中 ±800kV/4000MW 降低至 260 万美元 /km，±800kV/8000MW 降低至 440 万美元 /km，±1100kV/12 000MW 直流海缆综合造价预计有望降低至 580 万美元 /km，如图 4.2 所示。与前文 2.3 节经济性需求指标相比，**未来 ±500～±600kV 和 ±800～±1100kV 直流海缆经济性均可以达到预期经济目标，总体上具备较好的应用前景。**

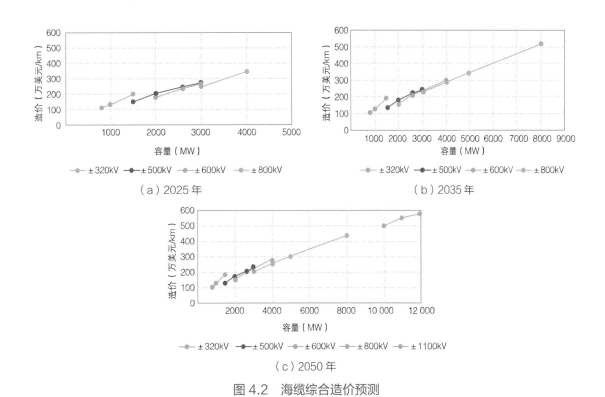

（a）2025 年   （b）2035 年

（c）2050 年

图 4.2　海缆综合造价预测

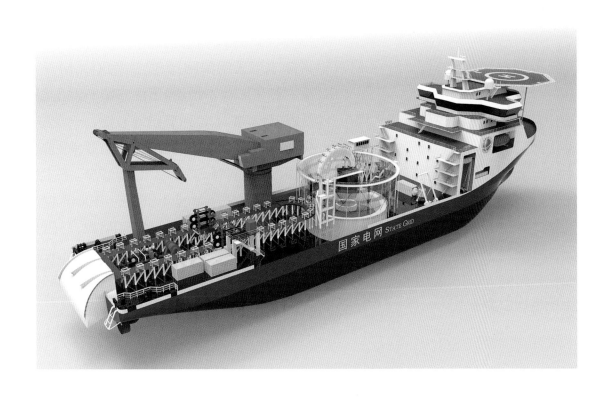

4.1　总体研判

4.1.3 特高压的经济性优势

单位容量经济性方面，随着电压和容量的提升，单位长度、单位容量直流海缆成本呈下降趋势。根据经济研判，预计2025年，±800kV/4000MW单位容量成本比±600kV/2000MW低3%，2035年±800kV/8000MW比±800kV/4000MW低9%，比±600kV/2000MW低20%；2050年，±1100kV/12 000MW比±800kV/8000MW低12%，比±800kV/8000MW低24%，比±600kV/2000MW低37%，如图4.3所示。因而，特高压大容量直流海缆输送单位容量电能的成本较超高压更低。

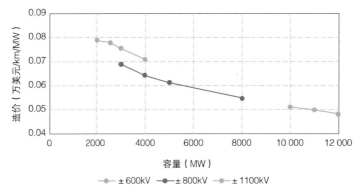

图4.3 不同电压和容量的单位容量的海缆造价对比

工程方案制定方面，8000MW输送需求可采用单回±800kV/8000MW、双回±800kV/4000MW、三回±600kV/3000MW海缆等工程方案，但工程造价存在差异。考虑到多回工程可在勘探设计、施工等环节统筹考虑，一定程度上降低成本，结合调研情况，双回、三回方案的工程综合造价分别取单回的1.85、2.7倍。在这种条件下，2035年采用双回±800kV/4000MW、三回±600kV/3000MW海缆方案单位长度造价分别是采用单回±800kV/8000MW海缆方案的1.02、1.24倍左右，2050年采用双回±800kV/4000MW、三回±600kV/3000MW海缆方案单位长度造价分别是采用单回±800kV/8000MW海缆方案的1.08、1.39倍左右，即单回特高压大容量方案在经济性方面具备一定优势，见表4.1。

表 4.1　2035 年和 2050 年不同工程方案经济性对比

时间	方案	总容量（MW）	单回造价（万美元 /km）	回数	多回系数	工程造价（万美元 /km）	与单回的比例
2035 年	单回 ±800kV	8000	520	1	1	520	1
	双回 ±800kV	4000×2	287	2	1.85	531	1.02
	三回 ±600kV	3000×3	238	3	2.7	643	1.24
2050 年	单回 ±800kV	8000	440	1	1	440	1
	双回 ±800kV	4000×2	258	2	1.85	477	1.08
	三回 ±600kV	3000×3	226	3	2.7	610	1.39

除了海缆部分，跨海直流工程还包括两端换流站。对于 ±600～±800kV 换流站，单位容量换流站造价差异在 5% 以内，因而换流容量相同的换流站的总造价的差异在 5% 以内。对于 1000km 以上的直流海缆输电工程，海缆部分造价是换流站部分造价的 4 倍以上，因而不同电压等级和容量工程方案的换流站造价对工程总造价影响最多只有 1% 左右，小于海缆造价的影响。因此，**考虑跨海工程换流站时，单回特高压大容量的工程方案在经济性方面仍具备优势。**

4.2　行动计划与里程碑

为了实现 2025、2035 年和 2050 年的特高压直流海缆技术目标，我们从本体、附件、试验、施工和运维五个方面在每个标志时间段制定了技术研发的行动计划和里程碑。总体计划及目标如图 4.4 所示。

图 4.4　总体计划及目标

4.2.1　2025 年

2025 年前，建议重点针对聚丙烯—浸渍纸复合和固体挤出绝缘两种技术路线，优化浸渍纸和挤出技术的绝缘结构设计，减小空间电荷和电场反转的影响，提升本体的加工工艺和运行可靠性，将输送电压提升至 ±800kV、容量提升至 4000MW。

在敷设施工和运维检修方面，建议提升中间接头技术的运行可靠性，增强施工现场制作预制接头的能力，提高施工效率和质量，缩短施工和检修周期，提升跨海输电工程的输电距离至 1000km。

在政策方面，建议政府和其他决策机构能够在 2025 年前颁布推动材料研发、装备制造等面向技术实现的政策和指导性文件。2025 年行动计划和里程碑见表 4.2。

表 4.2　2025 年行动计划和里程碑

时间	行动计划	里程碑
2020—2025	开展试验方案论证，建设全套标准化试验系统	完成特高压等级直流海缆试验条件和能力建设
	开展浸渍纸绝缘海缆的绝缘材料性能提升研究和绝缘结构优化设计	突破 ±800kV/4000MW 浸渍纸绝缘直流海缆
	开展挤出绝缘海缆的绝缘结构优化设计	突破 ±800kV/4000MW 挤出绝缘直流海缆
	研发适用于千千米级大跨度深海工程的敷设船及其他配套远洋施工设备	实现特高压海缆的千千米级大跨度敷设和运维技术

4.2.2 2035 年

2025—2035 年，结合特高压海缆工程实践经验，研发高耐温、耐压强度的固体绝缘材料，并研究与其匹配的屏蔽材料，增强集成结构设计能力和产业化生产加工水平，将输送容量提升至 8000MW。

在敷设施工和运维检修方面，提升附件的可靠性和施工设备的性能，研发适应 2000m 海深作业的深海勘探、检测、打捞的海底机器人和其他设备，提高海缆施工船的载缆量和张力设备的性能，将施工设备水平和工程作业能力提升至 2000m 海深等级。

在政策方面，建议利益相关国家和政府通过税收减免、出口补贴、电价补贴等，在商业化推广方面出台一定的经济政策。建议研究机构和生产企业能够根据研发规划，联合不同方面的优势共同开发，早日实现特高压直流海缆技术的突破和成熟。2035 年行动计划和里程碑见表 4.3。

表 4.3　2035 年行动计划和里程碑

时间	行动计划	里程碑
2026—2030	研究特高压交联聚乙烯和非交联绝缘材料的性能，研发 8000MW 直流海缆绝缘材料	完成特高压 8000MW 直流海缆关键技术突破
	组织各方共同开展特高压等级直流海缆的试验标准制定工作	形成推荐性特高压直流海缆试验的行业标准和规范
	研发大跨度大海深直流海缆监测检修装备	初步实现直流海缆工程全段检测和管理
2031—2035	开展特高压 8000MW 直流海缆软接头、预制接头和终端的技术研究，以及绝缘结构设计	实现特高压 8000MW 直流海缆技术，建设示范工程
	推进直流海缆试验的行业标准及规范，在工程实践和生产制造中的检验、调整和完善标准	形成业内普遍认可的特高压直流海缆试验标准
	研发适用于 2000m 深海作业的施工和检修设备，构建深海施工和故障抢修的作业能力	实现 2000m 深海海缆敷设施工和运维能力

4.2 行动计划与里程碑

4.2.3 2050 年

2035—2050 年，绝缘材料性能有望实现重大突破，并根据新型材料性能特点设计海缆绝缘结构，形成工业化批量生产的加工能力和生产水平，力争提升电压等级至 ±1100kV。

在敷设施工和运维检修方面，进一步提升深海作业设备，特别是海底机器人的抗压能力和控制水平，增强海缆施工和装备技术水平，研发海缆本体阻水性、抗压能力、抗变形能力提高的方法，满足 2000km 距离、3000m 深度的直流海缆工程要求。2050 年行动计划和里程碑见表 4.4。

表 4.4 2050 年行动计划和里程碑

时间	行动计划	里程碑
2036—2040	研发新型绝缘、屏蔽材料，进一步提升绝缘材料的耐温、耐压特性	取得绝缘材料性能提升的重大进展
	研发针对 2000km 跨海距离、3000m 敷设深度直流海缆工程的试验系统	形成 2000km 距离、3000m 深度海缆工程的试验方案
	开展适应 2000km 跨度、3000m 深度的海缆工程施工的设备研发和能力建设	具备 2000km 距离、3000m 深度海缆工程运维能力
2041—2045	开展导体和新型绝缘、屏蔽材料的兼容性研究以及 ±1100kV 直流海缆的附件技术研发	突破 ±1100kV 直流海缆关键技术
	组织各方共同研究 ±1100kV 特高压直流海缆试验标准体系	建立 ±1100kV 特高压直流海缆推荐性试验标准
	研究提升施工的安全可靠性和效率的方法，在全球范围建立多支专业敷设运维施工团队	降低直流海缆事故抢修时间，缩短至 60 天以内
2046—2050	研发 ±1100kV 直流海缆集成化制造技术，开展型式试验和预鉴定试验检测	建设特高压 ±1100kV 直流海缆（示范）工程
	广泛开展 ±1100kV 特高压直流海缆试验参数和工程检测方法验证工作	形成广泛认可的 ±1100kV 特高压直流海缆试验标准
	开展 2000km 跨度、3000m 深度海缆工程的施工敷设和运维管理技术研究和设备研发	实现 2000km 距离、3000m 深度海缆工程的敷设运维

4.3　研发规划

基于未来直流海缆技术的发展需求和目标，为了突破特高压大容量直流海缆的技术难点和挑战，推动技术进步和实践推广，需要从本体、附件、工装设备、施工运维等方面制定研发规划，联合产学研各方联合开发和努力。研发规划时间、进度及其具体研发内容见表 4.5。

表 4.5　研发规划时间表

研发时间	技术领域	研发内容
2020—2025 年	本体	特高压黏性聚丙烯—浸渍纸复合绝缘材料研发； 特高压交联聚乙烯绝缘材料研发； 特高压直流海缆长期空间电荷性能评价体系研究； 特高压直流海缆绝缘结构优化设计研究
	附件	特高压直流海缆的软接头技术研究； 特高压直流海缆预制附件设计及制造技术研发
	工装设备	特高压大容量直流海缆固体挤出设备研发； 特高压大容量直流海缆出厂试验用试验终端研发
	施工	深海敷设船及其他配套远洋施工设备和施工技术研发； 大跨度大海深直流海缆在线监测装备研发
	工程路径	工程路径优化技术开发
2026—2035 年	本体	特高压交联聚乙烯绝缘材料研发； 特高压非交联绝缘材料研发； 特高压直流海缆长期空间电荷性能评价体系研究； 特高压直流海缆超光滑半导电屏蔽材料研发； 特高压直流海缆绝缘结构优化设计研究
	附件	特高压直流海缆的软接头技术研究； 特高压直流海缆预制附件设计及制造技术研发
	工装设备	特高压大容量直流海缆固体挤出设备研发； 特高压大容量直流海缆试验系统研发和标准制定； 特高压大容量直流海缆出厂试验用试验终端研发
	施工	深海敷设船及其他配套远洋施工设备和施工技术研发； 大跨度大海深直流海缆在线监测装备研发； 工程路径优化技术开发
	工程路径	工程路径优化技术开发

续表

研发时间	技术领域	研发内容
2036—2050 年	本体	特高压交联聚乙烯绝缘材料研发； 特高压非交联绝缘材料研发； 新型特高压直流海缆固体绝缘材料研发； 特高压直流海缆新型导体研究； 特高压直流海缆超光滑半导电屏蔽材料研发； 特高压直流海缆绝缘结构优化设计研究
	附件	特高压直流海缆的软接头技术研究； 特高压直流海缆预制附件设计及制造技术研发
	工装设备	特高压大容量直流海缆试验系统研发和标准制定； 特高压大容量直流海缆出厂试验用试验终端研发
	施工	深海敷设船及其他配套远洋施工设备和施工技术研发； 大跨度大海深直流海缆在线监测装备研发

4.3.1　本体技术

1. 绝缘材料

（1）特高压黏性聚丙烯—浸渍纸复合绝缘材料研发。研究浸渍纸绝缘技术的耐压和耐温极限能力，重点探索提升聚丙烯—浸渍纸复合绝缘海缆的特性改性方法，对其长期运行条件下的电导率、空间电荷和老化特性进行研究。在理论研究的基础上，开展聚丙烯薄膜复合纸绝缘海缆的结构电场仿真，结合研发试验，设计 PPL 电缆的结构，研究 PPL 电缆生产制造技术，探索开发特高压 8000MW 容量的直流海缆。通过研究绝缘油类型及其水分含量、黏度对 PPL 体系的击穿场强、电导率和空间电荷随温度、电场的变化规律，遴选适合高压直流海缆使用的绝缘油配方，并对其长期运行老化特性进行测试，突破绝缘油的选型技术，并评估其环保适应性。通过电气性能、理化性能和机械性能试验，测试不同温度、场强下的空间电荷、直流电导率，以及不同温度下的直流击穿场强，得出不同配方下聚丙烯材料性能的差异化对比，突破聚丙烯—浸渍纸复合绝缘用聚丙烯薄膜的配方技术。通过聚丙烯—浸渍纸多层结构中空间电荷、直流电导率和直流击穿特性的协同作用机理，揭示电场和热场对直流击穿、直流电导和空间电荷特性的影响规律，探究空间电荷、直流电导率和直流击穿的协同机理，为特高压直流海缆用聚丙烯—浸渍纸复合绝缘材料配方和绝缘结构设计提供理论与实验依据。

（2）特高压交联聚乙烯绝缘材料研发。研发可分三个阶段。

第一阶段（2020—2025 年），交联聚乙烯绝缘材料在特高压直流海缆工况应用的可行性研究。提出关键性能参数指标和改性要求；重点研究交联聚乙烯绝缘海缆电导特性和空间电荷协同作用机理，揭示电场和热场对直流电导和空间电荷特性的影响规律；开展适用于特高压直流海缆工况的交联聚乙烯绝缘海缆的配方和制备工艺研究，突破绝缘料的交联度控制、填料均匀分散、超净工艺等缺陷控制技术难题。

专栏 4.1 **交联聚乙烯材料性能提升的技术路线比较**

　　常用的交流聚乙烯材料性能提升方法为纳米掺杂和基料提纯两种。对于前者，是在绝缘基料中加入特殊的纳米材料，形成类似"凹槽"来"捕捉"或"限制"空间电荷的移动，达到抑制空间电荷积累的目的。但是工程实践过程中很难保证纳米粉末在聚烯烃基体中仍然保持纳米分散形态，无法完全确保掺杂的均匀性。对于后者，即使用超净绝缘料，其是通过进一步提高基料的纯净度，从源头上抑制空间电荷的产生，调控空间电荷特性和电导特性的材料，是业内普遍认可的一种方案，但对于提纯的技术要求极高，很难达到理想水平。

　　只有基于超纯基料，才能通过掺杂、接枝和共聚等，精细改性，得到改性基础材料。只有超净，才能降低材料在长期工作过程中局部杂质颗粒引起的畸变电场，降低电树枝等破坏，提高长期工作场强。杂质不仅来自配方组分分子内部有害极性基团和小分子杂质，还体现在外部生产工艺过程中的杂质引入。内部杂质主要包括在配方组分分子链段上嵌入的其他有害的极性基团或聚乙烯中存在的小分子、超大分子，外部杂质主要是生产和包装运输中产生的，包括杂质离子、灰分等。

　　第二阶段（2026—2035年），高耐温、高耐压绝缘材料研发。重点开展提升交联聚乙烯绝缘材料耐热特性研究，提出提升材料耐热性能的可行方法，突破110℃最高工作温度运行的交联聚乙烯的研制技术，同时降低材料对杂质和水及陷阱电荷的敏感性，并提高材料机械性能（纵向/径向承载应力），增强其直流电压极性反转耐受能力，突破适用于常规直流输电技术的特高压直流海缆绝缘材料研制技术。

　　第三阶段（2036—2050年），±1100kV直流海缆绝缘材料研究。探索进一步提升交联聚乙烯材料的综合性能的可行性和研究方向，长期工作场强耐受能力提升至65kV/mm以上。

　　（3）特高压非交联绝缘材料研发。 深入分析低密度聚乙烯、高密度聚乙烯和聚丙烯等潜在热塑性电缆绝缘材料的结构与电气特性的关系。重点研究聚合技术、共聚技术、共混技术、添加剂、纳米添加、化学改性等在调控这三类热塑性绝缘材料的结构与性能方面的作用，评估和确定最优非交联绝缘材料种类，开发特高压直流海缆用的超纯超净热塑性绝缘基础材料。采用多种方式探索抑制空间电荷和减小材料硬度的方法，并分析由负荷与环境温度变化导致材料的结晶形态变化而引发的空间电荷积累现象，从材料本身特性的角度深入研究温度、形态和空间电荷分布三者间的变化关系，在此基础上研发和改进聚丙烯绝缘海缆三层挤出制造工艺和生产设备，从而实现高压直流海缆用非交联型热塑性绝缘材料研发和制造能力，得到材料空间电荷积累的影响因素和结晶形态随着温度变化的特性，分别突破特高压±800kV/8000MW和±1100kV/12 000MW非交联型热塑性绝缘材料海缆的制造瓶颈。

4.3　研发规划

热塑性聚丙烯（PP）绝缘材料的性能提升方法

PP 的分子式为（C$_3$H$_6$）n，主链上存在大量的不对称碳原子，这些碳原子上的甲基存在不同的排列方式，构成 3 种不同的立体结构。甲基全部位于分子链一侧的为等规 PP（iPP），甲基交替位于分子链两侧的为间规 PP（sPP），甲基不规则地位于分子链两侧的为无规 PP（aPP）。常见的 PP 多为 iPP，分子链主要由等规结构组成，也会含有立构嵌段，以及少量无规和间规结构。一般通过三种方式提升性能。

• 共聚技术

丙烯和其他烯烃（如乙烯、丁烯等）共聚可得到聚丙烯共聚物。根据聚合方式不同，同时有无规共聚物和嵌段共聚物。这些聚丙烯的共聚物具有比 iPP 优异的耐冲击性、电气特性和加工性，但通常熔点比 iPP要低。

• 共混技术

高刚性和脆性是限制 iPP 作为电缆绝缘使用的最大阻力，采用共混等工业界易于接受的加工方式改善其力学性能一直是研究的热点。比如，iPP 和乙烯—丙烯共聚物共混物（质量比 50∶50）在快速冷却的条件下有良好的柔顺性和较高击穿强度，有望用作电缆绝缘。

• 纳米添加

纳米粒子改性的聚丙烯主要分为两类：一是聚丙烯均聚物或共聚物；二是聚丙烯和其他聚合物的共混物。

在聚丙烯均聚物或共聚物方面，选择最合适的纳米粒子是一个重要的挑战。不同纳米粒子（MgO，TiO$_2$，ZnO 和 Al$_2$O$_3$）对 iPP 电气特性（介电常数、电阻率等）的影响是不同的。比如，加入纳米粒子后所有样品的介电常数均随纳米粒子质量分数增加而增加，但 MgO 和 ZnO 纳米复合材料的介电损耗低于纯 PP，Al$_2$O$_3$ 纳米复合材料的介电损耗与纯PP 相当，而 TiO$_2$ 复合材料的介电损耗明显高于 iPP。

在聚丙烯和其他聚合物的共混物方面，乙烯共聚物与 iPP 的共混物具有优异的电气特性和良好的柔顺性，有望用作电缆绝缘。不同界面改性剂修饰的 SiO2 纳米粒子对 iPP/POE 共混物力学及电气性能有不同的影响。通过研究三种界面改性剂聚甲基硅氧烷（PDMS）、二甲基二氯硅烷（MCLS）、辛基硅烷（OMS）发现，PDMS 修饰的纳米粒子对空间电荷的抑制效果最为显著，且纳米复合材料的击穿强度全部高于共混物，并随着纳米粒子的增加而增加。

（4）**新型特高压直流海缆固体绝缘材料研发。**研究高绝缘性能电缆绝缘材料，提高材料能带带宽，减少自由电子数量，显著降低载流子迁移率，降低电导率并提高电阻率 1~2 个数量级，从而降低材料本征电导率所引起的热损；分析引起绝缘雪崩击穿、隧道击穿（齐纳击穿）效应的原因，提出击穿抑制方法，从而把长期击穿强度提高 2 倍以上，并使得绝缘厚度大大减小。研究绝缘材料电热老化机理，研究捕获自由基并防止大分子裂解的新型抗电热老化助剂，开发高可靠性、长寿命绝缘材料，使得绝缘材料寿命由 30 年提高至60 年。

专栏 4.3　　　　　　　　**新型绝缘材料研发的微观理论**

从微观的角度分析，高分子材料的绝缘性能提升是基于分子内部载流子的跃迁和迁移能力的下降。根据能带理论，电子只有从价带跃迁到导带才能形成自由电子并实现导电能力，跃迁概率基于费米统计理论。另外，在绝缘材料价带和导带间存在一定数量的局域态，也可直接从局域态跃迁至导带，且跃迁概率大于价带—导带间的跃迁概率。因而可以从两方面考虑改善载流子跃迁及迁移能力：一是加大绝缘材料价带—导带宽度，增加直接跃迁难度；二是减少局域态密度，减少间接跃迁数量。通过这两种办法可减少绝缘材料载流子迁移能力，降低电导率，即提高电阻率。

在电场作用下，电子获得的能量增大，和空穴电子不断地与原子发生碰撞，通过这样的碰撞可使束缚在共价键中的价电子碰撞出来，产生自由电子—空穴对。新产生的载流子在电场作用下撞出其他价电子，又产生新的自由电子和空穴对。如此连锁反应，使得阻挡层中的载流子的数量雪崩式地增加。若能够提高电子—空穴对的结合能力（即增加绝缘材料带宽），并减少弱结合的电子—空穴对（即局域态）数量，即可减少雪崩击穿，并提高击穿强度。

（5）特高压直流海缆长期空间电荷性能评价体系研究。研发可分两个阶段。

第一阶段（2020—2025 年），研究厚绝缘结构、高温度梯度下的电缆及附件绝缘层中空间电荷和电导对电场分布的影响，以及电缆和附件系统多层界面中的空间电荷分布规律、主要影响因素和界面处电场仿真计算方法。现有空间电荷测试方法包括激光压力波法（PWP）、电声脉冲法（PEA）、热脉冲法等基础上，其中需要重点研究和探索电声脉冲法对提升空间电荷测量准确性方面的方法。

第二阶段（2026—2035 年），研发针对大尺寸电缆空间电荷的新的测量系统及测试方法，针对直流绝缘中空间电荷与电场、温度、绝缘结构中界面和体积效应的比例关系，研究电缆在模拟运行工况中绝缘层具备温度梯度条件下空间电荷分布变化规律。建立多种工况下特高压直流电缆研究性试验、型式试验和预鉴定试验用的空间电荷测试系统，完成长时间的分布式空间电荷性能测试，为特高压直流电缆的长期空间电荷性能评估提供真实可靠的、可量化的数据，并建立特高压直流电缆空间电荷性能评价体系。

专栏 4.4　　　　　　　**空间电荷测试方法机理介绍**

　　空间电荷测试方法主要是通过机械波或者附加电场的方法使得绝缘材料内部的空间电荷扰动，在外部引起感应电流或者微小震动，通过外部电路或者传感器实现信号的测量。现有的空间电荷测试技术已经能够实现 ±320kV 及以下直流电缆绝缘的空间电荷测试。在现有基础上，通过提高激光能量产生更强的机械波或者通过脉冲发生器产生更强的附加电场，均能够明显增强测试信号。同时，通过改善现有的电磁干扰屏蔽技术，能够显著提高空间电荷测试信号的信噪比。通过这两项优化措施，能够实现更厚绝缘的特高压直流电缆的空间电荷测试。

2. 导体材料

特高压直流海缆新型导体研究。研究考察各种金属和非金属材料，通过合金、掺杂等方式，探究开发电导率特性更加优良的导体材料的可能性，从而有效提高海缆导体单位截面积的载流量，降低导体的截面积，减小海缆的半径和重量，为后续海缆的运输、敷设和运维等都提供便利。其次，降低导体材料的密度，提升其机械强度，从而减轻海缆总重量，增强海缆的机械强度，为远距离、大海深敷设奠定基础。

专栏 4.5　　新型导体材料研发的微观理论

金属导体的导电能力主要取决于金属价电子（外层自由电子）的数量及束缚能量（逃逸能量）。在电工材料中，铜的导电性能最为优良，仅次于昂贵金属银及一些活泼金属钠、钾等。石墨烯常温下的电子迁移率超过 $1.5\mathrm{m^2/(V\cdot s)}$，比纳米碳管或硅晶体高，而电阻率约 $10^{-8}\Omega\cdot\mathrm{m}$，比铜和银更低，为世上已发现电阻率最小、电导率最高的材料。若通过合理工艺将石墨烯掺入铜中，可能提高铜的导电率并降低铜的密度，从而获得通流密度更大、发热更小的导体材料。

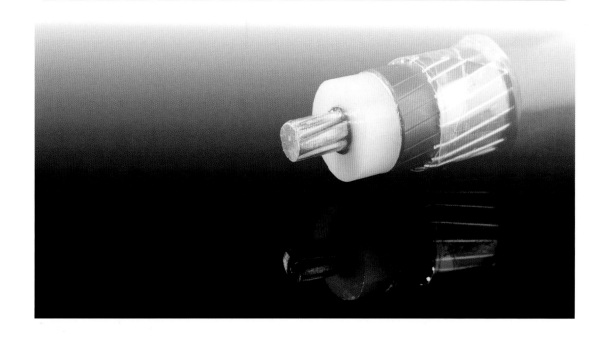

3. 屏蔽材料

特高压直流海缆超光滑半导电屏蔽材料研发。研发可分两个阶段。

第一阶段（2026—2035 年），特高压 ±800kV/8000MW 直流海缆屏蔽材料研发。研究半导电屏蔽料与不同种类绝缘料的配合特性和关键参量需求；研究半导电屏蔽材料的树脂特性、导电填料分散性对屏蔽料电、热、机械性能、理化性能的影响关系；研究屏蔽料的配方、性能表征、填料表面处理及与基体的相容性和分散特性，以及屏蔽料挤出工艺性能及其与绝缘料在制备和应用的匹配特性。突破屏蔽料的超光滑表面控制技术难题，开发出可与特高压 8000MW 容量直流海缆绝缘材料良好匹配的低电阻率和电阻率温度系数的半导电屏蔽材料，并具有纯度高、热稳定性高和吸湿性低等特性。

专栏 4.6　　　　**屏蔽材料性能的影响因素分析**

直流屏蔽材料对抑制绝缘材料空间电荷注入与积聚有巨大的贡献，但其抑制机理却一直处于探索阶段。影响屏蔽料体积电阻率和空间电荷的因素较多，包括炭黑填充量、炭黑粒径和基体树脂及界面结合情况。炭黑填充量较少且粒径较小时，能够保证炭黑在树脂中分散均匀；基体树脂的耐热性能好，可以保证屏蔽料在高温下维持稳定的电学性能和力学性能；界面结合处无杂质和凸起可以减少空间电荷的注入。

炭黑在基体树脂中的存在形式是屏蔽材料性能优劣的关键。海缆半导电屏蔽材料中的炭黑一般采用原始粒径为 30～40nm 的导电纳米炭黑，易团聚、不易分散，其生成后会快速变成聚集体和团聚体。聚集体是纳米炭黑宏观可分散的最小结构单元。纳米炭黑与聚合物混炼过程仅能将炭黑团聚体内部的范德华力破坏，分散成聚集体，而无法破坏聚集体内纳米炭黑之间的化学键，因此纳米炭黑在聚合物中也是以聚集体和团聚体共存的形式存在。一般导电炭黑聚集体尺寸为 100～200nm，团聚体则为微米级。如何使得炭黑更加均匀分布是未来屏蔽材料研发的攻关方向。

第二阶段（2036—2050 年），特高压 ±1100kV/12 000MW 直流海缆屏蔽材料研发。在 ±1100kV 绝缘材料研究成果的基础上，针对具体绝缘材料的类型和特点，研发有纯度高、热稳定性高和吸湿性低等特性的屏蔽材料，突破屏蔽料的超光滑表面控制技术难题，开发出可与特高压 12 000MW 容量直流海缆绝缘材料良好匹配的低电阻率和电阻率温度系数的半导电屏蔽材料。

4. 本体结构设计

特高压直流海缆绝缘结构优化设计研究。研发可分三个阶段。

第一阶段（2020—2025 年），特高压 ±800kV/4000MW 直流海缆绝缘结构研发。研究直流海缆绝缘材料电导率与温度、电场关系的理论，并通过实验确定计算关系式。研究空间电荷对海缆绝缘电场影响的基础理论，提出简单实用的计算方法，并推导相应的定量计算公式。分别针对聚丙烯—浸渍纸复合绝缘材料和固体挤出绝缘材料，在现阶段超高压等级绝缘结构的基础上实现工业设计的调整和优化，推动特高压等级直流海缆技术的进步。

第二阶段（2026—2035 年），特高压 ±800kV/8000MW 直流海缆绝缘结构研发。结合电场、热场仿真，分析直流海缆厚绝缘的电场分布与海缆输送容量、电压、导体温度等运行工况及敷设环境的定量关系。针对绝缘材料和屏蔽材料等关键技术的研发进展，以及 ±800kV/8000MW 导体、绝缘等材料的特性和兼容关系，提出直流海缆绝缘结构设计方案，通过试验、测试、示范工程等方式进行调整和优化。

第三阶段（2036—2050 年），特高压 ±1100kV/12 000MW 直流海缆绝缘结构研发。构建存在空间电荷情况下直流海缆绝缘的直流电场、直流叠加冲击电场分布基础理论及相关数值计算方法。基于平均场强法，考虑老化、安全裕度、形状等因素，并引入空间电荷因子（例如巴德尔系数），提出直流海缆绝缘结构设计的具体方法。针对 ±1100kV/12 000MW 新型导体、绝缘材料和屏蔽材料等关键技术的研发进展，以及其分别的特性和兼容关系，提出直流海缆绝缘结构设计方案，在试验、测试、示范工程中不断调整和优化，实现 ±1100kV/12 000MW 特高压直流海缆的本体技术。

4.3 研发规划

专栏 4.7	直流海缆绝缘设计的基本方式

挤出绝缘海缆采用直流海缆绝缘结构设计方法主要步骤包括：电压形式设计、电压幅值设计、设计场强的形式确定和测试计算、绝缘厚度的计算和确定。

直流设计场强 E_{dc} 的计算是直流海缆结构设计的基础，一般采用下式计算得到

$$E_{dc} = \frac{E_{bd}}{K_1 \cdot K_2 \cdot K_3} \tag{4.1}$$

式中：E_{bd} 为高压交联聚乙烯直流电缆交联聚乙烯绝缘在高温下的直流击穿场强，kV/mm；K_1 为安全因子，取值为 1.2；$K_2 = \sqrt[n]{24 \times 8/0.5}$，$n$ 为高压交联聚乙烯直流电缆交联聚乙烯绝缘的电压寿命指数；K_3 为型式试验电压与额定直流电压之比，取值为 1.85。

对于极性反转设计场强 E_{fz} 的测试和计算，需要对至少 10 根高压交联聚乙烯直流模型电缆，每隔 10min 进行一次历时 2s 的极性反转，获得高压交联聚乙烯直流电缆交联聚乙烯绝缘的击穿电压

$$V^A \times t = C \tag{4.2}$$

式中：V 为击穿电压，V；A 为老化因子；t 为反转次数；C 为常数。

对试验数据进行拟合，可确定公式中的常数 A 和 C，之后，根据（4.2）推算出反转 1000 次，即 $t=1000$ 时的电压，换算成对应的击穿场强 E_{1000}，引入安全因子 1.2，获得极性反转设计场强

$$E_{fz} = E_{1000}/1.2 \tag{4.3}$$

式中：E_{fz} 为极性反转设计场强，kV/mm；E_{1000} 为 $t=1000$ 对应的击穿场强，kV/mm。

对于雷电冲击设计场强 E_{pu} 的测试和计算，需要对至少 20 根高压交联聚乙烯直流模型电缆，在保证导体温度及绝缘温差不低于设计值的

情况下，分别施加正负极性的标准雷电冲击电压，获得固体绝缘材料的正负极性雷电冲击击穿场强，取两者中的较低值 E_{min}，并引入安全系数1.2，确定交联聚乙烯绝缘的雷电冲击设计场强为

$$E_{pu}=E_{min}/1.2 \qquad (4.4)$$

式中：E_{pu} 为雷电冲击设计场强，kV/mm；E_{min} 为正负极性冲击电压中的较低值，kV/mm。

在确定设计电场的基础上，根据设计电压形式和幅值，可以计算出不同种类设计电场所需的绝缘厚度

$$d_{dc}=U_{dc}/E_{dc} \qquad (4.5)$$

$$d_{fz}=U_{fz}/E_{fz} \qquad (4.6)$$

$$d_{pu}=U_{pu}/E_{pu} \qquad (4.7)$$

然后，从计算所得的 d_{dc}、d_{fz}、d_{pu} 中选择最大值，作为高压交联聚乙烯直流电缆绝缘的设计厚度，即电缆绝缘的设计厚度为

$$d=\max(d_{dc},d_{fz},d_{pu}) \qquad (4.8)$$

式中：d_{dc} 为直流电压绝缘厚度，mm；U_{dc} 为直流电压，kV；E_{dc} 为直流电场，kV/mm；d_{fz} 为极性反转绝缘厚度；E_{fz} 为极性反转电压，kV；E_{fz} 为极性反转电场，kV/mm；d_{pu} 为雷电冲击绝缘厚度；U_{pu} 为雷电冲击电压，kV；E_{pu} 为雷电冲击电场，kV/mm；d 为电缆绝缘厚度，mm。

4.3.2　附件技术

（1）特高压直流海缆的软接头技术研究。研发可分三个阶段。

第一阶段（2020—2025 年），特高压 ±800kV/4000MW 直流海缆软接头技术研发。对于聚丙烯—浸渍纸复合绝缘材料，基于本体和附件的绝缘材料性能体系评价，进一步开展测试和试验计划，优化本体和附件的截面结构，实现浸渍纸绝缘技术路线 ±800kV/4000MW 软接头技术。对于挤出绝缘技术路线，分别针对交联聚乙烯和非交联绝缘材料，研究软接头内空载和满载情况下电场分布，分析不同应力锥尺寸对电场分布的影响，确定特高压软接头的结构，同时提升软接头交联、脱气工艺水平，提升软接头环节的可靠性，实现挤出绝缘技术路线 ±800kV/4000MW 直流海缆软结构技术。

第二阶段（2026—2035 年），特高压 ±800kV/8000MW 直流海缆软接头技术研发。优化软接头的注塑模具设计，掌握注塑温度和压力控制，研究软接头交联、脱气工艺，提升绝缘性能，减少与本体的"界面效益"，提升特高压大容量等级直流海缆软接头的制作能力，实现挤出绝缘技术路线 ±800kV/8000MW 直流海缆软结构技术。同时针对未来大跨度、大海深直流海缆工程的需要，研究金属屏蔽和防护层的恢复工艺，提升软接头的径向阻水功能和机械性能。

第三阶段（2036—2050 年），特高压 ±1100kV/12 000MW 直流海缆软接头技术研发。基于本体绝缘材料的研发进展，研发满足 ±1100kV/12 000MW 绝缘要求的软结构绝缘，进一步优化软接头绝缘结构，提升加工制造能力水平，克服绝缘强度薄弱的难点，实现 ±1100kV 软接头技术。研究海上现场制作软接头的可能性，探索海上盐雾环境和动态平台条件下的制作环境净化工艺和海缆紧固方式，缩短软接头的制作时间，实现海上现场软接头的制作。

专栏 4.8 软接头制造工艺及要求

制作工厂接头从连接两根电缆端部的导体开始。导体连接有不同的方法，如采用钨电极惰性气体保护焊接（TIG）、惰性气体保护焊接（MIG）等方法。选用合适的焊接技术和适用的焊接材料是制作具有足够机械强度导体接头的至关重要的问题。焊接缺陷必须避免，诸如不连续、开裂、孔隙、熔融不完善或渗漏，以及非金属夹杂物，可采用X射线检验焊接质量。焊接接头的抗拉强度对海底电力电缆的安装极为重要，靠近焊接处的导体部分强度较低，因为焊接时加热使其退火，其强度通常是导体原来强度的70%。焊接处的电导率必须足够高，以避免电缆产生热点。

导体连接后，要恢复绝缘，通常采用与电缆本体相同的绝缘形式。将两根电缆端部绝缘制成锥形，形成锥面。将新的绝缘材料包覆在两根锥形电缆末端间。在较长的锥形界面上轴向电场强度比纵向的更低。大多情况下，接头绝缘比电缆本体绝缘稍厚，以降低电场强度。聚合物绝缘电缆（交联聚乙烯、聚乙烯、乙丙橡胶）的接头绝缘采用与本体相似的材料制成带材，绕包在电缆间的间隙内，屏蔽亦为含炭黑的聚合物带材。接头绝缘在加热和压力下固化，使聚合物带材融合在一起，成为无孔隙的均质连续的材料。电缆绝缘和接头绝缘界面必须无微孔、无间隙、无开裂或杂质。接头绝缘与电缆绝缘的黏合对接头电气强度是至关重要，导体屏蔽制备、电缆的导体屏蔽和接头屏蔽间的过渡处理均是细致的工作，需要高度精心处置。

（2）特高压直流海缆预制附件设计及制造技术研发。研发可分三个阶段。

第一阶段（2020—2025 年），特高压 ±800kV/4000MW 直流海缆预制附件（接头和终端）技术研发。从基础材料改性和配方的调整等方面提高现有绝缘材料的电气绝缘性能、机械性能和成型性能，使绝缘材料的耐电强度提高 20% 以上，同时提升材料产业化加工成型工艺水平，满足大体积绝缘件的制造成型要求。

第二阶段（2026—2035 年），特高压 ±800kV/8000MW 直流海缆预制附件（接头和终端）技术研发。研究大尺寸附件成型技术，提升关键绝缘部件的工厂预制成型工艺水平，探索新的成型工艺方法。研发特高压等级预制附件（接头和终端）的绝缘材料，研究海缆本体绝缘和连接件应力锥绝缘组成双层绝缘介质形成的界面特性，考虑介电常数、电导率、空间电荷和电场分布等关系，形成完整可靠的理论体系，并研发与本体材料性能匹配的附件绝缘材料，实现特高压 ±800kV/8000MW 大容量直流海缆附件的产业化。

预制型附件的结构设计

海缆附件的结构设计包括绝缘材料的选择，终端和接头的主体结构设计、机械设计、导体连接设计和密封设计。

终端的主体结构设计有两种常见形式：一种为欧式结构，应力锥直接浸泡在套管的绝缘填充剂中，在应力锥下部依靠绕包的各种带材或是在应力锥下端装一金属法兰，通过金属抱箍或尼龙扎带扎紧应力锥于金属法兰上来处理油向电缆泄漏的问题。这种结构因温度和内部压力不断变化，易造成油渗漏到电缆中，同时因应力锥橡胶体直接浸泡在绝缘填充剂中，会因泡油溶胀而加速老化；另一种为日式终端，终端应力锥通过弹簧托紧机构压紧于环氧绝缘制成应力锥罩内，锥罩内有与应力锥上部锥形一致的锥孔，压紧后形成可靠密封面，实现绝缘填充剂与电缆的隔离密封，同时利用应力锥罩内壁对应力锥的反作用力压紧电缆，保障界面性能，但这种产品结构较复杂、生产成本高、安装过程较复杂。

预制式连接头一般分为整体预制式连接头和组合预制式连接头。其关键零部件均为工厂预制成型，现场由专业施工安装人员将部件与电缆正确组装，形成完整接头。中间接头安装在两电缆连接处，电缆导体连接要求低接触电阻和足够的机械强度，连接的方式有很多，有焊接、压接和机械连接等，具体连接方法会在后面章节导体连接设计中详细介绍。由于中间接头多在电缆沟、电缆隧道等易积水的环境，所以中间接头应具有良好的密封防水性能。中间接头的壳体一般采用铜材制造，壳内可浇注绝缘防水密封双组份胶加强密封。最外层还可根据接头长期浸水的安装环境考虑是否需要配套外保护盒，并在壳内浇注绝缘防水密封双组份胶，使产品具有更强的机械保护和防水密封性能。

第三阶段（2036—2050 年），特高压 ±1100kV/12 000MW 直流海缆预制附件（接头和终端）技术研发。开发更高绝缘、更大耐温性能的预制材料，提升绝缘强度，研发适用于特高压 ±1100kV 海缆的大尺寸附件的生产设备，突破设备的注射（浇注）容量、压力水平等限制因素，实现 ±1100kV/12 000MW 直流海缆预制附件（接头和终端）的工业化生产。同时优化结构设计，提升其他相关材料的性能水平，增强预制附件的阻水特性和机械强度，满足大跨度深海直流海缆工程的需求。

4.3.3　工装设备技术

（1）特高压大容量直流海缆固体挤出设备研发。研发可分两个阶段。

第一阶段（2020—2025 年），特高压直流海缆超大尺寸固体挤出设备研发。研发适用于 ±800kV 及以上的特高压固体挤出设备，配置大尺寸挤塑机和分胶体，达到 500t 级的挤出量，三层挤出最大截面积超过 30 000mm^2，实现导体、屏蔽层和绝缘层总直径超过 195mm 的超厚绝缘三层共挤能力，即在导体截面积为 4500mm^2 时，绝缘层可实现 45mm 及以上厚度，同时满足特高压交联和非交联绝缘技术路线直流海缆的生产需要。开发过滤网在线切换技术，延长连续开机时间超过 60 天，有效增加海缆无接头制造的长度。

第二阶段（2026—2035 年），特高压 8000MW 直流海缆固体挤出设备控制系统研发。优化在线侧偏系统，实现超厚绝缘的厚度和偏心度实时控制。改进温控系统，选用更大功率的加热器和更优良的加热介质，提升温控精度，提高加热能力，降低长时间加热期间温度波动，降低连续挤出过程中的气泡、凹陷等绝缘缺陷的出现概率，提升三层挤出截面积至 30 000mm^2。开发挤出设备双机在线切换技术，实现海缆无接头制造长度的再次提升。

专栏 4.10   **三层共挤工艺**

　　交联聚乙烯绝缘需要通过绝缘挤出工艺制作，为挤出绝缘电缆的一种。绝缘挤出生产线分为卧式交联生产线（Crouch Type Continuous Vulcanizing, CCV）和立式交联生产线（Vertical Type Continuous Vulcanizing, VCV），如图 4.5 所示。卧式交联生产线聚乙烯交联速度快，单根电缆较长，但导体偏心不易控制，若无特殊工艺手段，一般只用于 110kV 以下电缆生产。立式交联生产线导体偏心段容易控制，但往往由于聚乙烯交联的硫化管较短导致挤出速度慢，限制了单根电缆长度。中国最高的立式交联塔是江苏亨通的 180m 高的立塔，达到世界先进水平。

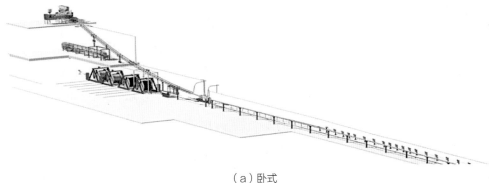

（a）卧式

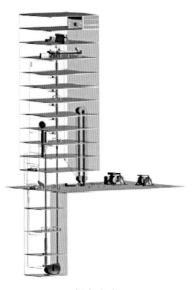

（b）立式

图 4.5 　交联生产线示意图

（2）**特高压大容量直流海缆试验系统研发和标准制定**。研究和建设特高压大容量直流海缆研发、型式和预鉴定等系列试验的试验场地和系统。试验场地需要有足够大的空间保证试验过程中所需的各种有效距离，并配有足够电压等级和功率容量的各类电源和其他配套设备，特别是用于直流电缆的载流量试验的大容量直流电流源、用于直流电缆的直流局放设备和无局放直流高压源、直流电缆试验终端、研发用于可模拟控制实际电缆绝缘层温度梯度的试验平台。组织行业内权威专家、企业、研究机构、高校等推动特高压直流海缆试验标准的编制工作，并在工程中验证和完善，在业内形成广泛认可和共识，于 2035 年和 2050 年分别实现 ±800kV 和 ±1100kV 直流电缆试验标准体系的制定。

专栏 4.11　　　　　　直流海缆试验方法

　　海缆的具体试验项目与常规的陆缆类似，包括电气试验和非电气试验两大类。电气试验主要有介质损耗、绝缘电阻、导体交流电阻和直流电阻、绝缘空间电荷、绝缘交流耐压、局部放电、热循环电压、雷电冲击电压、操作冲击电压等；非电气试验主要有纵向和径向透水试验、交联聚乙烯绝缘热延伸、电缆卷绕、张力弯曲等。

　　从工程的阶段性试验来看，大长度直流海底高压电缆的出厂试验和竣工试验都还有待技术和装备的提升。对于出厂试验，大容量耐压、屏蔽室外的局部放电检测均是挑战，需要研究新方法及设备；软接头的质量检测可以用 X 光 3D 成像采用高频局部放电检测接头缺陷，但检测精度有待提高。对于竣工试验，一般选择超低频余弦方波、阻尼振荡波等耐压试验方法，需要的电源容量恰好能激发局部放电，才能暴露严重缺陷点，且需要研发适用于特高压等级的现场试验装备。

　　大量运行经验表明，除了安装不当或外力机械破坏外，大多数海缆的绝缘击穿事故与绝缘材料、绝缘结构密切相关。IEC、IEEE 和 CIGRE 等国内外权威机构一致推荐局部放电（partial discharge，PD）试验作为交联聚乙烯绝缘电力电缆绝缘状况评估的最佳手段。而在耐压试验的同时进行局部放电检测，可以准确地发掘电缆及其附件中存在的局部放电物理现象，是判断海缆线路施工质量和绝缘品质最直观、理想且有效的试验方法。

（3）**特高压大容量直流海缆出厂试验用试验终端研发**。针对特高压直流电缆厂内试验的特殊工况和环境条件，研究厂内试验用简易终端的关键技术设计指标和边界条件（仅加装电压，不带负荷），提出可行的简易终端技术方案；开展简易终端绝缘材料与电缆本体参数的配合研究，确定简易终端与电缆本体界面的应力调控方法，重点研究在电场、机械应力场作用下的配合界面的场效应特性和应力控制边界；确定适用于厂内试验的可快速高效安装和重复使用的简易终端技术方案，并确定厂内安装的优化工艺实施方法。根据直流海缆技术的进步和工程的需要，于 2025、2035 年和 2050 年分别实现 ±800kV/4000MW、±800kV/8000MW 和 ±1100kV/12 000MW 直流电缆出厂试验用试验终端研发。

4.3　研发规划

4.3.4 施工运维技术

（1）深海敷设船及其他配套远洋施工设备和施工技术研发。研发可分三个阶段。

第一阶段（2020—2025 年），适用于 1000km 级大跨度深海工程的敷设船及其他配套远洋施工设备研发。研究具有动力定位系统 DP-2 及以上等级的自航式远洋海缆敷设船。

第二阶段（2026—2035 年），2000m 深度海缆工程的施工敷设和运维管理技术研究和设备研发。研发适用于 2000m 深海作业的施工和检修设备，构建深海施工和故障抢修的作业能力。装有两个 1 万 t 以上载缆量转动电缆盘，并配备直升机平台、电动转盘、适合 3000m 深水施工的勘探设备、布缆机和两套水下工作机器人等专用装备。研究敷设船的系统参数、功能布局和作业方式，研究海况适应性、通航运载能力、接驳技术、施工敷设工艺和海底保护作业技术，并进一步研究现场接头制作工艺、应急处置技术和故障定位测试方法等。

第三阶段（2036—2050 年），2000km 跨度、3000m 深度海缆工程的施工敷设和运维管理技术研究和设备研发。研发适用于千千米级大跨度深海工程的敷设船及其配套远洋施工设备。研发适应 2000km 路由距离、3000m 海底深度的先进导航定位系统，以及转盘、布缆机和船速同步控制软件系统。从施工装备的角度上，拥有远距离、深海海缆敷设作业装备及作业能力。

（2）大跨度大海深直流海缆在线监测装备研发。 研发可分三个阶段。

第一阶段（2020—2025 年），直流海缆在线监测系统研制。广泛考察和深入研究各类电磁物理监测技术，力图克服海缆在线监测对海缆内置（或捆绑）光纤的依赖，探索电力电缆其他可直接传感和传输监测数据的类型，设计和开发针对海缆工程的专业实时运行情况和健康状态的检测方法，验证和测试各种方法的使用范围和准确度等。

第二阶段（2026—2035 年），1000km 级大跨度深海直流海缆在线监测检修装备研发。研究 1000km 级跨度、千米级海深的直流海缆输电工程监测和检修方法，重点研究新型无源监测、姿态监测、无损检测、故障定位、状态评估，以及现场作业与试验技术，以适应未来远距离跨海输电的检测需求。

第三阶段（2036—2050 年），2000km 级大跨度深海直流海缆工程在线监测系统研发。建设海缆电气、理化、气象、图形图像和环境参量等综合信息监测平台，研发先进的集"勘、检、测"功能一体的海缆检修船和相应的专属设备，丰富全功能水下机器人作业、水下检修密闭仓、姿态控制机械手臂等智能化作业手段，不断提高监测与检修作业的环境适应能力、作业范围和作业效能，实现深海海域海缆精益化管理能力。

4.3 研发规划

4.3.5 工程路径优化技术

远距离直流海缆工程的路由较长、地形复杂、地质多变，还需要考虑避开重点渔区、繁忙航道、海洋保护区等。不合理的路由选择可能造成工期时间拖延、工程难度增大、投资金额提升，为后期的安全稳定运行和故障维修埋下了隐患。因而工程的路径规划选择成为重要的问题。

面对未来长距离、大海深的跨海输电工程需求，需要开发建立一个大型海缆工程路径优化和造价估算系统，实现跨海工程的路径智能优化选择。基于包含全球海洋和陆地的连续高程数据的全球大洋地势图，收集全球主要的渔区、航道和保护区等需要避开区域的范围数据，选取最优海缆通道路径。同时按照海深、地质条件、海洋流速、主权情况等，根据施工条件和工程协调难度等因素，建立海缆工程造价估算系统，估算工程综合造价，进行经济性分析。全球大洋地势示意如图 4.6 所示。

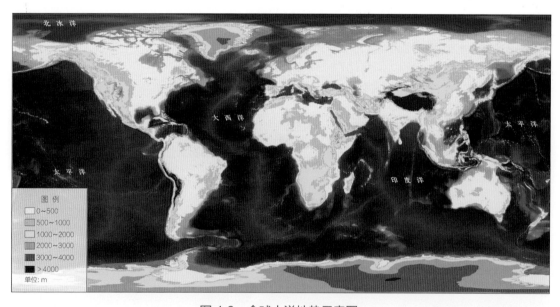

图 4.6　全球大洋地势示意图

需要考虑因素和所需数据包括。

（1）渔区。需要全球主要渔区范围。

（2）航道。需要全球主要航道范围。

（3）海洋保护区。需要全球海洋生态保护区范围。

（4）非公海。需要全球海洋主权划分数据。

（5）海深。需要全球海洋地势数据。

（6）海底地质条件。需要全球海洋的海底地质类型、特点等温度等数据。

（7）海水流速。需要全球海洋流动速度、方向和季节规律等数据。

工程路径优化技术开发根据全球能源互联网跨海输电工程的规划和建设，研发可分为两个阶段。

第一阶段（2020—2025 年），仅基于全球大洋地势图的工程路径优化技术研发和系统构建。收集整理详细版全球大洋地势分布图，以及不同使用应用场景下架空线和海缆经济性变化信息，设置陆上和海底、不同海拔和海深条件下的线路造价评估体系，实现在确定工程起点和终点情况下的输电线路路由最优推荐，构建基于海拔高度的智能化工程路径优化和选择系统。

第二阶段（2026—2035 年），考虑渔区、保护区、航道等因素的完备版工程路径优化技术研发和系统构建。收集全球主要的渔区、航道和保护区、陆地和海底地质条件、海底洋流情况分布，以及各国海上领海、群岛水域、专属经济区等需要避开区域的数据，按照海深、地质条件、海洋流速、主权情况等，根据施工条件和工程协调难度等因素，在基于全球大洋地势图的工程路径优化系统的基础上，建立多因素影响的海缆工程造价估算系统，估算工程综合造价，构建精确度高、评估准确、使用方便的工程路径规划软件工具平台。

4.4 发展路线图

4.4.1 关键技术发展路线图

1. 绝缘材料

2025—2035 年可通过纳米掺杂和基料提纯等方法提升材料绝缘性能，实现 ±800kV/4000MW ~ ±800kV/8000MW。2050 年可开发高纯、高净基料或新型材料进一步提升绝缘强度，实现 ±1100kV。绝缘材料技术发展路线图如图 4.7 所示。

2. 敷设施工

2025 年可通过提升附件可靠性或单根本体长度实现 1000 千米跨海距离。2025—2050 年需要提升本体性能、增强施工能力，满足 2000km 距离、3000m 深海工程需要。敷设施工技术发展路线图如图 4.8 所示。

3. 运维检修

2025 年可在现有内嵌光缆方法的基础上重点发展光时域分析技术，提高监测的准确性。2025—2050 年需要探索和开发其他摆脱光缆的新型在线监测方法。在线监测技术发展路线图如图 4.9 所示。

4.4.2 行业发展路线图

对于 ±800kV/4000MW，需要在政府和市场的推动下尽快进行工程实践。对于 ±800kV/8000MW，需要重点攻克绝缘材料和结构设计难点，同时提升敷设和运维的能力。对于 ±1100kV/12 000MW，需要开发新型固体绝缘材料，并逐步在大规模、远距离的跨海输电应用场景下实现推广。行业发展路线图如图 4.10 所示。

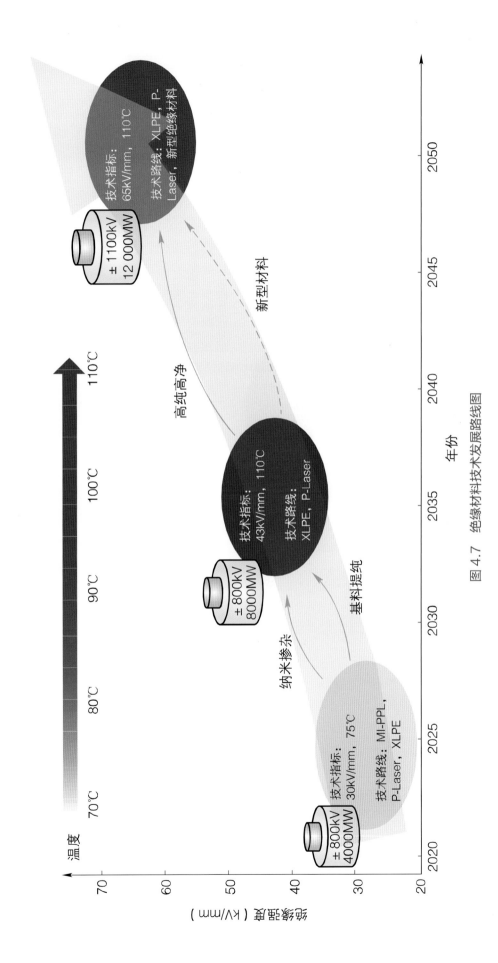

图 4.7　绝缘材料技术发展路线图

4.4　发展路线图

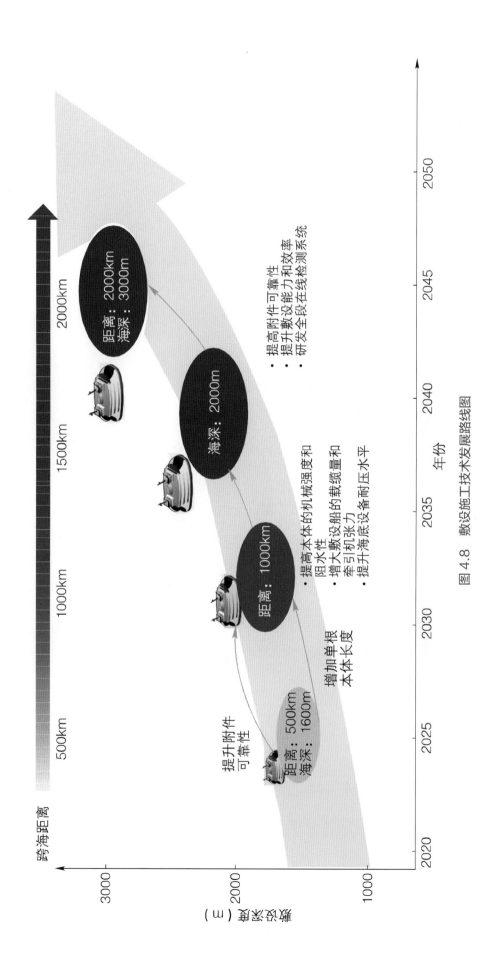

图 4.8 敷设施工技术发展路线图

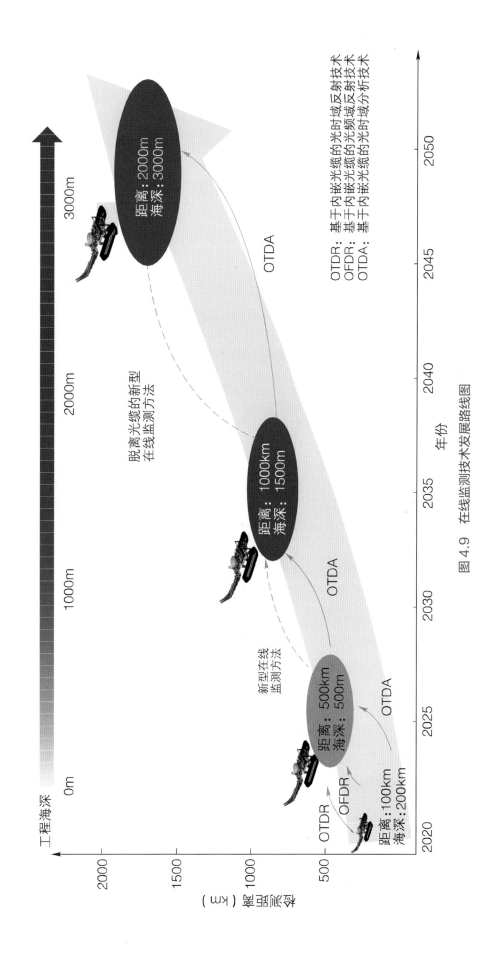

图 4.9 在线监测技术发展路线图

4.4 发展路线图

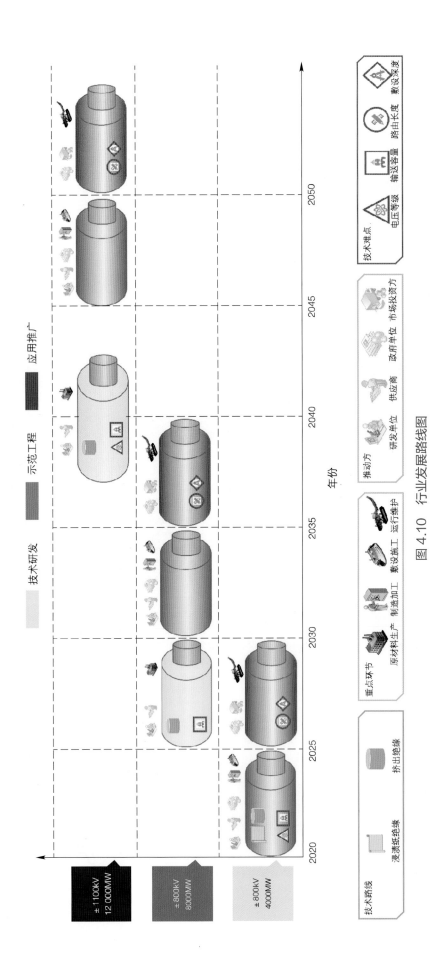

图 4.10 行业发展路线图

5 发展展望

本章详细介绍发展特高压直流海缆技术带来的潜在能源、技术、社会等方面的综合效益，并提出发展倡议。

5.1 综合效益

5.1.1 能源互联

提升岛屿地区和国家的供电水平。有效改善岛屿国家发电方式单一、成本高昂和能力不足的困境，推动当地集中式发电、输电、供电系统的形成，为用户提供了更多的能源供应选择，提升了配电网的安全稳定性，有助于岛屿国家的生产生活的有序进行，维护当地社会稳定性。海岛送电典型工程——中国舟山海缆工程如图 5.1 所示。

图 5.1　海岛送电典型工程——中国舟山海缆工程

提升能源互联互通水平。克服了跨海输电输送能力弱、经济性水平低、后期运维成本高等方面的不足，提升了能源输送安全性，有助于建立广泛的能源合作机制和推动各国能源政策协同，可在更大范围形成地区能源电力合作共同体和利益共同体，促进能源输送在海上互联互通格局的形成。

　　提高能源供应安全。发展特高压直流海缆，可进一步扩大跨海能源电力贸易，通过跨海电力互联互通，构建大区域电力市场，各国实现多途径电力进出口，有效降低因线路故障、化石能源供应中断和价格波动带来的能源安全风险，提高能源安全水平。预计到 2050 年全球跨洲跨区域电力流总规模达到720GW，其中跨海输电支撑其中 35% 的电力流规模，可以满足 2.4 亿人口的电力供应，相当于 470 个大中型城市的电力能源需求。

　　促进能源清洁变革进程。大容量远距离跨海输送的实现，扩大了远距离能源输送的距离，降低了能源消费成本，从技术性和经济性两方面支撑了远距离海上清洁能源向负荷中心的输送。预计 2050 年，远距离跨海输电的实现可分别促进 160GW 装机的极地风电开发和 1200GW 装机的赤道太阳能外送的发展，以及 240GW 的北海风电装机，推动非化石能源发电量占比增加 6%（如图 5.2所示），推动了清洁能源变革的实现。

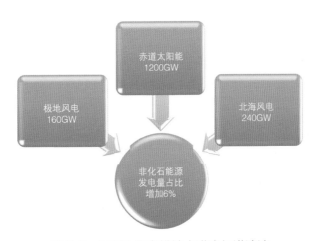

图 5.2　2050 年海缆技术进步促进清洁
能源发电装机增加

　　减少陆地资源消耗。通过大容量跨海输电，可促进海上清洁能源的开发，大幅降低对陆地资源的占用，减少环境破坏，实现对自然资源的保护及可持续开发利用。通过发展海上风力发电的开发，预计 2050 年全球将节约超过100 000km^2 陆上土地资源，实现 130 000km^2 的海上风电基地的构建。海上风机装配现场如图 5.3 所示。

图 5.3　海上风机装配现场

　　有效应对气候变化。随着特高压大容量直流海缆远距离跨海能源输送的实现，预计 2050 年由海缆联通的清洁能源输送通道和远海放电基地输送电量达到 3.8TWh，相当于每年替代原煤 16 亿 t，减少温室气体排放约 36 亿 t 二氧化碳当量，对区域各国落实《巴黎协定》、应对气候变化意义重大。

5.1.2 技术推动

推动海缆行业的技术进步。发展特高压直流海缆技术，将推动整个海缆行业的技术进步和应用推广，促进海上清洁能源开发和跨海互联电网的发展。同时将有力促进电气行业发电、变电和输电设备等方面的发展。预计到 2050 年，全球有超过 260GW、23 000km 的超高压和特高压等级直流海缆的市场容量。

促进上下游相关行业的技术发展。发展特高压直流海缆技术，将带动上游化工产业的发展，推动材料、导体加工工艺及相关装备制造行业的进步，促进下游深海勘探、远程控制、深海作业等技术的发展，并提升后期电力工程在线监测、运营管理和精确探伤等方面的能力。预计到 2050 年直流海缆将带动 26 万 t 的绝缘和 80 万 t 的导体等原材料的生产。

提升跨海输电技术竞争力。通过提升电压等级和输送容量，可提高单位容量能源输送的经济性，扩大清洁能源优势地区的市场供应范围，提升远距离清洁能源相对于本地传统能源的竞争力。预计 2050 年，单位容量跨海输电成本比 2020 年下降超过 50%，达到约 480 美元 /（km·MW），具备跨海输电广泛应用的条件，满足能源互联的广泛需求。单位容量跨海输电成本发展趋势如图 5.4 所示。

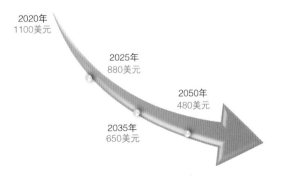

图 5.4 单位容量跨海输电成本发展趋势

5.1.3　社会发展

建立能源电力合作新机制。 发展特高压直流海缆，可促进岛屿、半岛和沿海国家和地区在清洁能源开发、技术创新、工程建设、投融资等领域的全方位合作。秉承"共商、共建、共享、共赢"理念，加快建设海上清洁能源开发和全球能源互联网构建的进程。全球能源互联网骨干网架规划如图 5.5 所示。

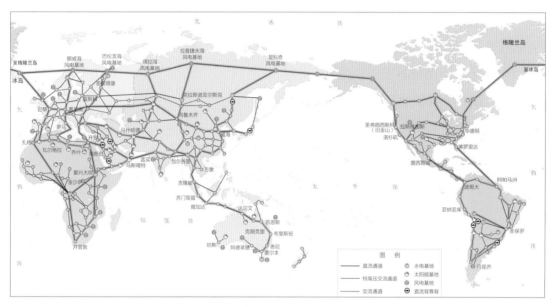

图 5.5　全球能源互联网骨干网架规划

促进区域协同发展。 通过陆上和海上能源互联和输送的配合，建立以清洁发展、互联互通为核心的地区能源治理新体系，实现清洁能源丰富的国家和地区的远距离能源输送，缓解负荷中心的能源短缺，促进地区融合发展和共同繁荣，推动区域各国的协同发展。

拉动全球跨海输电工程及电源投资。 预计到 2050 年，全球能源互联应用的直流海缆新增输电线路在亚洲、欧洲、北美洲和非洲投资将分别超过 340 亿、410 亿、280 亿美元和 150 亿美元（如图 5.6 所示），带动跨海直流输电工程总投资将达 1500 亿美元，推动了清洁能源基地的建设和投资。

| 亚洲 340亿美元 | 欧洲 410亿美元 | 北美洲 280亿美元 | 非洲 150亿美元 |

图 5.6 各大洲跨海输电投资

带动新增就业岗位。 特高压直流海缆技术的实现和应用推广，涉及材料开发、设备生产、工业制造、敷设施工、运营管理、日常监测、故障维修等诸多领域，可有力带动相关产业就业水平。预计到 2050 年，建设支撑海上风电和能源互联的直流海缆工程将创造约 1400 万个就业岗位，促进各地区社会稳定。海缆施工现场人员如图 5.7 所示。

图 5.7 海缆施工现场人员

5.2 发展倡议

产、学、研各方联合开发并推动。建议研究机构、高校和生产企业能够积极参与发展路线图的制定，细化研发规划，加大研发投入，抢占市场先机，联合不同方面的技术优势，实现共同开发，早日突破特高压直流海缆技术，推动技术的成熟和工程的推广。同时，可以借鉴通信电／光缆行业发展的规律和经验，共同探讨构建海底电力电缆行业相关国际联盟或组织的必要性和可行性，促进海底电力电缆行业的持续快速发展和工程安全稳定运行。

政府和相关决策机构提升重视程度，增强政策扶植力度。一方面需要世界各国高度重视特高压海缆的技术、经济和社会等效益，争取提前布局、抢占市场先机。另一方面对于有技术、有能力的国家、机构，建议政府和其他决策机构能够尽快颁布推动新材料研发、装备制造等面向技术实现的政策和指导性文件。在 2025—2035 年通过在税收减免、出口补贴等商业化推广方面出台相关扶持政策，积极支持大容量跨海互联工程建设，开展工程示范，促进投资。

探索与通信、交通等网络的融合发展。通信、交通等网络互联互通工程从政策沟通、标准统一、投资模式、运维管理等方面提供了可充分借鉴的经验。建议海缆运营商和相关投资机构加强与跨海通信、交通等相关单位的沟通和联系，在海岛供电、海上风电并网、短距离联网等场景探索电力、通信等多网融合发展模式，建立区域化运维保护框架协议机制，实现常态化故障检修团队共享。达到一次提议、多方受益的效果，提升联网工程的投入产出比和运行可靠性，解决工程在故障抢修效率和运维成本上的难题。

专栏 5.1　跨海电力和通信融合发展的可行性探讨

海底通信光缆与电力电缆融合发展在技术性上具备一定基础。光芯和电缆同缆技术相对成熟，只是其中光芯主要用于电缆勘测。通过调研了解到，将其中勘测用光芯换成通信用光芯的方法是可行的。依据2019年技术水平，可采用光电复合缆技术实现无中继、短距离（约500km以内）的光纤通信与电力跨海互联的融合发展。光电融合发展潜在应用场景——中国浙江省沿海岛屿如图5.8所示。

在经济性上，海底光缆和电力电缆的单位长度投资规模相差数十倍。在应用场景方面，前者在跨洋联网中能够达到数万千米长度，后者的路由长度一般仅在百千米级。综合考虑技术、经济性和需求等因素，电力和通信融合发展最可能适用的场景是距离在500km以内，同时具有供电和通信需求的海岛联网，比如中国东海和南海区域的众多近海岛屿。未来在突破光缆和电缆同步敷设等施工技术前提下，可采用光缆、电缆捆绑敷设的方法实现有中继、远距离的光电跨海互联的融合。

图 5.8　光电融合发展潜在应用场景——中国浙江省沿海岛屿

　　借鉴通信光缆行业相对成熟的工程运作模式，推动大型国际、洲际工程的构建。 建议海缆运营商、产品供应商及相关利益方能够积极推动全球化海缆行业运作的成熟化进程，建立各方认可接受、利益兼顾制衡、风险多方分摊的工程投资、建设和运营模式，同时在本体规格、附件尺寸和配套设备等方面完善标准制定和产品认证机制，探索和构建贯穿工程全生命周期的，适合推广应用的跨国、跨洲工程运作模式。

专栏 5.2　　　　　　　　　**通信光缆的俱乐部运营模式**

　　俱乐部是海底通信光缆建设运营的主流国际合作模式，主要用于登陆点涉及多个国家、地区的海底光纤工程的运作。在海底光缆的建设和运营中，由各投资方按照一定比例出资，派出代表，组成项目管理委员会，对海缆的建设、运营进行管理，各投资方通过在管理委员会中提出需求、参与投票决策，实现各自利益诉求。整个项目由管理委员会负责管理，下设采购、投资、运维等分委会，通过协商完成设计、招标、评标、各类运营管理政策制定。这种模式的跨海光缆工程，由各参与方负责解决本国登陆许可的申请、延伸引接等问题。建成后，各投资方按照出资比例分享海缆系统的带宽资源和其他各项权利，同时也按出资比例分摊维护、运营等各项成本。

　　近年来，海底光缆行业还产生了一种混合型管理模式，可视为俱乐部模式的延展和迭代，是一种按职能划分部门的模式，核心在于把项目参与方的管理职能高度压缩，只进行前期预研、政策制定、执行督导、执行控制、执行纠错、预算管理等关键职能。真正的项目执行功能通过国际招标形式，选定某一专业项目管理公司或单个运营商实施，同时由项目投资方指派专业人员参与执行管理控制；或者直接由各参与方抽调专业人员组成专业管理公司进行项目执行。

　　图 5.9 表示了混合管理模式的组织结构。左边各职能由项目参与方组成，主要职责是负责对项目进行经济、技术、工程方案的研究和决策，编制各类运营管理的规章制度和政策，包括财务、支付、维护、电路分配和使用等；右边各职能由中标的专业公司全盘承包，或由参与方共同组建专业管理公司进行项目具体运营，完成各种日常工作。在运营期间，管理委员会有权随时对运营工作组进行审计、督查和控制。同时，项目运营工作组有义务和责任定期或不定期向管理委员会汇报运营的执行进展。

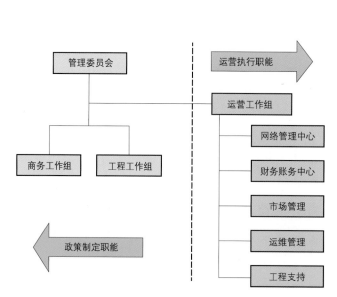

图 5.9　通信光缆行业的混合管理模式组织结构图

　　海缆俱乐部模式更能适应通信设施国际互联需要。一是利益共享、费用分担。二是保障业务来源。三是由各国企业负责办理其国内审批事项，可保障顺利获得相关施工许可。考虑国际高压海缆的建设的复杂性与高风险，俱乐部模式具备利益共享、风险共担的特点，对于全球能源互联网中跨海输电工程的建设有一定的参考借鉴价值。

附录 缩写 / 定义

缩写	定义
HVDC	High voltage direct current，高压直流
UHV	Ultra high voltage，特高压
EHV	Extra high voltage，超高压
MI	Mass Impregnated，浸渍纸（绝缘海缆）
MI-PPL	Mass Impregnated/Polypropylene paper laminate，聚丙烯—浸渍纸复合（绝缘海缆）
XLPE	Crosslinked polyethylene，交联聚乙烯绝缘

图书在版编目（CIP）数据

高电压大容量直流海缆技术发展路线图／全球能源互联网发展合作组织著．—北京：中国电力出版社，2020.10
ISBN 978-7-5198-4729-6

Ⅰ．①高… Ⅱ．①全… Ⅲ．①特高压输电—海底电缆—研究报告 Ⅳ．① TM248

中国版本图书馆 CIP 数据核字（2020）第 104490 号

审图号：GS（2020）2838 号

出版发行：中国电力出版社
地　　址：北京市东城区北京站西街 19 号（邮政编码 100005）
网　　址：http：//www.cepp.sgcc.com.cn
责任编辑：马　丹（010-63412725）
责任校对：黄　蓓　常燕昆
装帧设计：张俊霞
责任印制：钱兴根

印　　刷：北京瑞禾彩色印刷有限公司
版　　次：2020 年 10 月第一版
印　　次：2020 年 10 月北京第一次印刷
开　　本：889 毫米 × 1194 毫米　16 开本
印　　张：10.5
字　　数：207 千字
定　　价：160.00 元